Sobre a Autora

Andrilene Ferreira Maciel

Doutora em Ciência da Computação pela Universidade Federal de Pernambuco (UFPE), possui mestrado em Modelagem Computacional pela Universidade Federal de Alagoas (UFAL), Especialista em Engenharia de Produção com ênfase em Gestão da Informação e Sistemas de Informação pela Universidade Federal de Pernambuco e graduação em Processamento de Dados.

Atua como professora Doutora na Universidade Federal Rural de Pernambuco (UFRPE), lotada no Colégio Agrícola Dom Agostinho IKAS/CODAI, coautora do livro Possibilidades: prática pedagógica no ensino superior, pela editora Baraúna, coautora do livro Administração da Produção: da Revolução Industrial à Indústria 4.0 e autora do artigo A Gestão do Conhecimento e os Profissionais da Tecnologia da Informação, publicado pela revista Alicerce.

É membro dos editoriais das revistas Springer Nature (Europa e América Latina) e Probe (Singapura na Ásia), ambas na área de computação. É autora de artigos nacionais e internacionais.

Agradecimentos

Agradeço a Deus, a minha mãe, ao meu filho e a todos que ao longo do tempo da minha carreira estimularam nas atividades de pesquisas. Ao professor Doutor Luis Cláudius Coradine da Universidade Federal de Alagoas – UFAL e a professora Doutora Roberta Vilhena Vieira Lopes da Universidade Federal de Alagoas-UFAL, ambos docentes do Instituto de Computação da UFAL, pela confiança e incentivo, sem os quais eu jamais teria concluído este trabalho.

Mineração de Dados com Redes Neurais

Uma abordagem com mapas auto-organizáveis para processamento de sinais de glicemia

Andrilene Ferreira Maciel

Um texto básico

1ª Edição

Dados Internacionais de Catalogação na Publicação (CIP)
(Câmara Brasileira do Livro, SP, Brasil)

Maciel, Andrilene Ferreira
Mineração de dados com redes neurais : uma abordagem com mapas auto-organizáveis para processamento de sinais de glicemia / Andrilene Ferreira Maciel. -- 1. ed. -- Paulista, PE : Ed. da Autora, 2023.

Bibliografia.
ISBN 978-65-00-76784-1

1. Ciência da computação 2. Mineração de dados (Computação) 3. Redes de computadores 4. Redes neurais (Ciência da computação) I. Título.

23-167280 CDD-004

Índices para catálogo sistemático:

1. Ciência da computação 004

Aline Graziele Benitez - Bibliotecária - CRB-1/3129

Mineração de Dados com Redes Neurais: uma abordagem com mapas auto-organizáveis para processamento de sinais de glicemia.

MACIEL, Andrilene Ferreira
ISBN 978-65-00-76784-1
1ª Edição, julho de 2023.

Publicacao Independente
Clube de Autores Publicacoes S/A - CNPJ: 16.779.786/0001-27
Av. Juscelino Kubitscheck, 350 - 2 andar - Centro, Joinville - SC, 89201-100
https://clubedeautores.com.br/

Índice

Prefácio

As técnicas de mineração de dados baseadas nos mapas auto-organizáveis de Kohonen têm sido bastante utilizada na classificação de sinais nas mais diversas áreas de conhecimento. Geralmente, a rede SOM (*Self-Organizing Maps*) é usada para especificar relações de similaridade entre objetos abordando análise de agrupamentos como técnica alternativa para estatística tradicional.

Os Mapas Auto-organizáveis de Kohonen é um tipo de rede neural artificial baseada em aprendizado competitivo e não supervisionado, bastante utilizado em atividades de mineração de dados e têm como objetivo mapear um conjunto de dados permitindo ampliar a capacidade de análise de agrupamentos pertencentes a um espaço de elevada dimensão, preservando ao máximo possível a topologia do espaço original de dados de forma adaptativa (KOHONEN,1997), (HAYKIN,2001), (ZUQUINI,2003). Pesquisas recentes têm abordado aplicação das redes SOM em áreas multidisciplinares: análise de *cluster*, classificação, extração de características no processamento de sinais.

A classificação dos dados realizada pela rede SOM trabalha especificamente nas relações de similaridades entre os neurônios e o conjunto de dados, realizando uma projeção não linear do espaço de dados de entrada, sua principal característica na preservação máxima da topologia original dos dados.

Este livro tem como objetivo estruturar um processo de mineração de dados a partir da interpretação dos mapas de Kohonen no processamento de sinais de glicemia, para análise e diagnóstico de doenças proveniente de pacientes portadores de diabetes *mellitus*.

Capítulo 1 – Introdução

Os sistemas de informações (SI) tradicionais construídos para apoiar o processo decisório geralmente armazenam seus dados em sistemas de banco de dados ou até mesmo em grandes repositórios como, por exemplo, o *data warehouse*. Segundo Inmon (1997) e Kimbal (2000) , um *data warehouse,* consiste de um banco de dados especializado capaz de manipular um grande volume de informações corporativas obtidas de banco de dados operacionais e de fontes de dados externos à organização, melhorando o desempenho, controle e acesso aos dados. De acordo com o tipo de informação, o processo de extração pode ser considerado complexo e poderá superar a capacidade humana de analisar essas informações, principalmente no que se refere em transformar os dados armazenados e esquecidos nesses repositórios em conhecimento (INMON,1997), (KIMBAL,2000).

Segundo Nonaka (1997), o conhecimento é um processo humano dinâmico de justificar a crença pessoal com relação a verdade, significa sabedoria adquirida a partir da personalidade como um todo e se torna um fator de grande importância para as organizações por ser considerado o principal caminho para o sucesso entre aquelas empresas (públicas ou privadas) que visam competitividade no mercado (NONAKA,1997). De acordo com Stewart (1997), o conhecimento se tornou o ativo mais importante e indispensável, por ser considerado a principal matéria-prima com o qual todos trabalham, sendo assim, mais valioso e poderoso que qualquer outro ativo físico e financeiro (STEWART,1997).

A informação sempre esteve presente nas atividades que envolvem pessoas, processos, sistemas, recursos financeiros e tecnologias e tem se tornado um grande diferencial no auxílio ao processo de tomada de decisão. Para que essas informações sejam extraídas e transformadas em conhecimento é necessária a utilização de técnicas e ferramentas que propiciem a descoberta ou mineração de padrões.

O processo de extrair conhecimento utilizável a partir de grandes volumes de dados chamado *Knowledge Discovery in Databases (KDD)* ou apenas descoberta de conhecimento em base de dados, pode ser considerado um processo de extração de informações relevantes ou de padrões nos dados contidos em grandes bancos de dados e que sejam não-triviais, implícitos, previamente desconhecidos e potencialmente úteis e tem como principal objetivo a construção de hipóteses para os processos de tomada de decisão (FAYYAD,1996).

1.2 Principais Tarefas do KDD

O processo de descoberta de conhecimento em bases de dados envolve uma sequência de tarefas preestabelecidas (figura 1.1) de forma interativa e são fundamentais para a transformação das informações em conhecimento (KAMBER,2000),(FAYYAD,1996). A figura 1.1, apresenta as principais tarefas do KDD, as quais serão descritas a seguir:

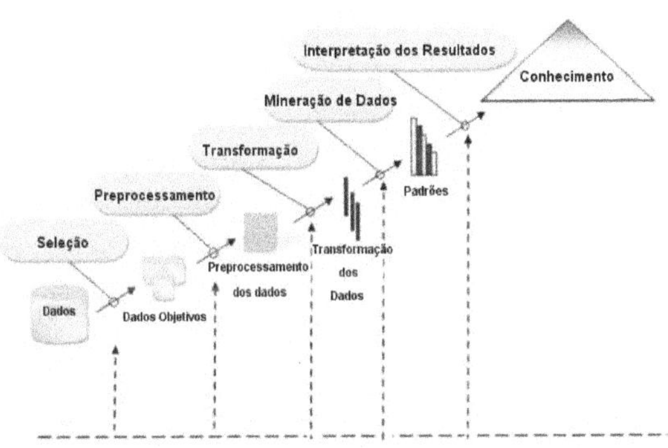

Figura 1.1. Principais tarefas do processo do KDD. Fonte: (FAYYAD,1996).

- **Análise de Requisitos** : corresponde ao processo de modelagem e especificação com objetivo de criar elementos necessários para o estudo e compreensão do domínio da aplicação(FAYYAD,1996).
- **Seleção dos Dados:** busca identificar um conjunto de dados relevantes e seus subconjuntos de variáveis e analisar a relevância entre eles, objetivando a criação de um conjunto de dados nos quais a descoberta de conhecimento será realizada(FAYYAD,1996).
- **Preprocessamento**: envolve atividades de limpeza dos dados, executando operações básicas de remoção dos ruídos, proporcionando a coleta de informações necessárias para a modelagem ao processo do KDD, decisão sobre os dados inexistentes, elaboração de esquema e mapeamento de valores desconhecidos (FAYYAD,1996).
- **Transformação nos Dados**: utiliza métodos que proporcionam a redução ou transformação da dimensionalidade dos dados, possibilitando a redução do número de variáveis. Os métodos de redução de dados podem incluir tabulação simples, agregação (com estatística descritiva) ou técnicas mais sofisticadas como análise de agrupamentos (RENCHER,2002).
- **Mineração de Dados** : no processo de mineração de dados ou (*data mining*) tem-se como objetivo aplicar técnicas específicas em dados preprocessados na busca por modelos de interesse numa forma particular de representação ou num conjunto de tais representações, incluindo regras de classificação, árvores de decisão, regressão, agrupamento (DINIZ,2000) e (FAYYAD,1996).

De acordo com Diniz (2000), Junglos (2003) e Fayyad (1996), a classificação associa um item em uma ou várias classes predefinidas, analisa um conjunto de dados de treinamento e constrói modelos para cada classe, com base nas características dos dados.

Existem muitos métodos de classificação desenvolvidos no campo de aprendizagem de máquina, estatística, redes neuronais tais como: o modelo de regressão que associa um item a uma ou mais variáveis de predição de valores reais; análise de associação que determina relações entre campos de um banco de dados; análise de *cluster* que associa um item comum ou vários agrupamentos determinados pelos dados, onde as classes são predeterminadas e definidas através de agrupamentos naturais dos dados, baseados em medidas de similaridades ou modelos probabilísticos; sumarização descreve de forma compacta um subconjunto de dados a partir de métodos estatísticos (DINIZ,2000), (JUNGLOS,2003), (FAYYAD,1996). As técnicas mais recentes incluem a lógica nebulosa ou fuzzy, (DINIZ,2000) (SIMAR,2003), (KIMBAL,2000), (ZADEH,1976Bb), Redes Neurais (ZUCHINNI,2003) e os algoritmos genéticos (ZADEH,1996a).

- **Interpretação dos Dados** : permitem avaliar padrões dos dados com o objetivo de determinar quais são as melhores maneiras de usar tais informações na tomada de decisão, capazes de incorporar o conhecimento ao processo ou melhorar o conhecimento anterior (FAYYAD,1996).

Devido à necessidade das organizações (públicas ou privadas) em extrair informações relevantes das bases de dados que possa apoiar o processo de tomada de decisão a partir do conhecimento extraído dessas bases de dados, faz com que muitos métodos estatísticos de análise de dados sejam considerados de fundamental importância para a coleta e manipulação de dados, principalmente quando tratamos de tarefas que permitem reunir os dados semelhantes de acordo com algum interesse particular capaz de gerar conhecimento construído a partir desses métodos. Muitas abordagens alternativas podem ser vista na literatura em relação aos métodos estatísticos tradicionais (KOVACZ,2002), (REZENDE,2005).

Dentre elas, as redes neurais vêm sendo considerada uma abordagem atrativa quando se pensa em analisar problemas que envolvem relacionamentos complexos para classificar ou reconhecer padrões associando-os a um padrão de entradas (HAYKIN,2001).

Os Mapas Auto-organizáveis de *Kohonen* (1997) conhecidos como redes SOM é um tipo de rede neural artificial baseada em aprendizado competitivo e não supervisionado, bastante utilizado em atividades de mineração de dados e têm como objetivo mapear um conjunto de dados permitindo ampliar a capacidade de análise de agrupamentos pertencentes a um espaço de elevada dimensão, preservando ao máximo possível a topologia do espaço original de dados de forma adaptativa (KOHONEN,1997), (LUDEMIR at al.,2000), (SUDHA,2007), (GUERRA at. All,2008), (KAMBER,2000), (KOVACZ,2002) e (ZUCHINI,2003). Pesquisas recentes têm abordado aplicação das redes SOM em áreas multidisciplinares, conforme o que segue:

- Qualidade de sedimentos integrando características físicas e químicas, análise de *cluster* hierárquico com os métodos estatísticos tradicionais e avaliações da qualidade biológica do solo (CROWLEY,2007);
- Análise e modelagem de recursos hídricos (HJORTH,2007);
- Identificação de componentes visuais de *clustering* (HUSSAIN,2007);
- Implementação de algoritmo de quantização vetorial na extração de características dos sinais de eletrocardiograma (TADEJKO,2007);
- Comparação da rede SOM com Análise de Componentes Principais (PCA) para interpretar dados multidimensionais a partir de um processo biológico (AGUADOA at. al., 2007).

A classificação dos dados realizada pela rede SOM trabalha especificamente nas relações de similaridades entre os neurônios e o conjunto de dados, realizando uma projeção não linear do espaço de dados de entrada, sua principal característica na preservação máxima da topologia original dos dados (LUDEMIR at. al.,2000), (HAM,2001), (HAYKIN,2001) e (KOVACZ,2002). Por exemplo, um cliente que pertence a classe (adimplente) poderá ser considerado da classe (inadimplente) em um determinado período de tempo devido a um problema pessoal que proporcionou esta transformação. A interpretação dos dados obtidos pela rede SOM exibem a relação do objeto pertencente a uma classe específica.

As redes SOM não são capazes de avaliar os objetos da classe que estão no limiar estabelecido pelo limite da classe, proporcionando a definição de vizinhança entre as classes ou uma medida de quando um objeto pertencente a uma determinada classe migre de uma classe para outra. Essas limitações permitem que técnicas complementares como a lógica nebulosa possam ser utilizadas para tratar as limitações provenientes da rede SOM resultante de problemas complexos, incertos, contraditórios e incompletos (GOMIDE, 1998), (ZADEHb,1976), (ZUCHINI,2003).

Capítulo 2 – Mineração de Dados

2.1. Histórico e Conceito

Na década de 70, muitos especialistas foram instruídos a armazenar seus dados em qualquer recurso tecnológico (disco rígidos, fitas magnéticas, banco de dados etc.), que fornecesse segurança. Com a evolução da tecnologia e o surgimento de novos métodos de armazenamento de dados e a popularização dos Sistemas de Gerenciamento de Banco de Dados (SGBD) como recursos da tecnologia da informação (TI), favoreceram a proliferação da informação. Com o surgimento dos sistemas de apoio a decisão (SAD) na década de 80 e a necessidade de reduzir o impacto das integrações entre sistemas de diversas plataformas, tanto no que se refere aos custos com a tecnologia da informação quanto ao aumento da velocidade de processamento dos sistemas de informação (SI), fez com que novas tecnologias fossem adotadas para o processo de armazenamento de dados (INMOM,1997).

A ideia de se criar um banco de dados (BD) para armazenar os registros do sistema, fez com que o tamanho desses bancos crescesse rapidamente (INMOM,1997). A tecnologia adotada como data *warehouse* permite atender sistemas de informação capazes de produzir transações de alto desempenho com objetivo de armazenar e cruzar grande volume de dados (ZANTINGE, 1996), (DINIZ,2000) e (INMOM,1997). Para que esses dados sejam manipulados e posteriormente transformados em conhecimento, faz necessário a utilização de técnicas sofisticadas que propiciem a automação do comportamento inteligente a partir da inteligência artificial, a qual envolve técnicas necessárias para a compreensão da linguagem, percepção, raciocínio, aprendizagem e resolução de problemas, buscando a criação de teorias e modelos com capacidade cognitiva e a implementação de sistemas computacionais baseados nestes modelos focando as técnicas do KDD (SAITO,2004), (RESENDE,2005) , (SILVA at. All, 2006).

Segundo Quispe (QUISPE,2006), A mineração de dados ou *data mining* provém da análise inteligente e automática de dados para descobrir padrões ou regularidades em grandes conjuntos de dados, através de técnicas que envolvem métodos matemáticos, algoritmos baseados em conceitos biológicos, processos linguísticos e heurísticas, os quais fazem parte do processo do KDD responsável pela busca de conhecimentos em banco de dados (ZANTINGE,1996), (DINIZ,2000), (HAIR,2005), (PANAROTTO,2008) e (MÊUSER,2005).

2.2. A Mineração de Dados e Análise Estatística

Os processos estatísticos são muito usados na coleta, manipulação e análise de dados, conceitos como distribuição normal, variância, análise de regressão, análise de dispersão dos dados, análise discriminante, análise de agrupamento, intervalo de confiança e testes de hipóteses são utilizados para realizar pesquisas nos dados, bem como analisar e descobrir relacionamentos entre eles (HJOIRTH,2007).

As técnicas estatísticas como análise multivariada de dados combinadas com as técnicas de mineração de dados possuem como função extração de informação relevante em um conjunto de dados (HAIR,2005).

Na mineração de dados é possível utilizar métodos estatísticos tradicionais ou técnicas mais sofisticadas. Por exemplo, a inteligência artificial, pode fazer com que a mineração de dados possa ser visto como o descendente direto da estatística e surge exatamente no limite do que poderia ser encontrado e inferido por métodos tradicionais de análise de dados, tratando de questões que estão além do domínio desses procedimentos (ZANTINGE,1996), (DINIZ,2000), (HAIR,2005), (RUSSEL,1995).

2.3. Funcionalidades da Mineração de Dados

A multidisciplinaridade da mineração de dados pode ser considerada inevitável devido à integração de diversas áreas de conhecimento no processo de análise abordando áreas de pesquisas que envolvem estatística, matemática e a computação, as quais são disciplinas fundamentais para realização do processo de mineração de dados.

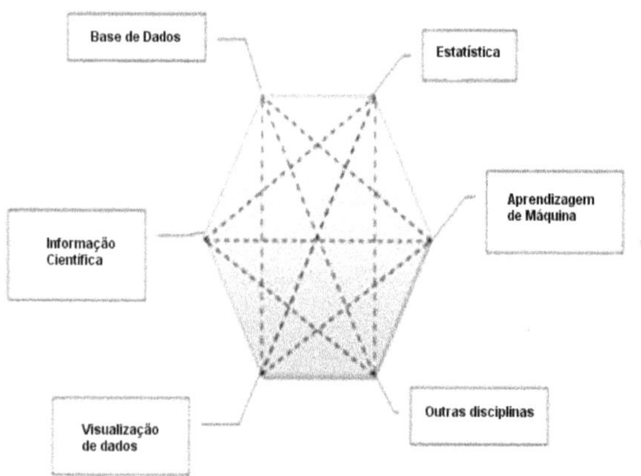

Figura 2.1 Mineração de dados e seu aspecto multidisciplinar. Fonte: (HAIR,2005).

Algumas limitações podem ser identificadas quando se refere à escolha do melhor método de mineração de dados, uma vez que, existe uma grande dificuldade dos especialistas na identificação do melhor método minerador. Geralmente, os especialistas buscam adotar o método mais adequado para a resolução do problema específico. O processo de mineração de dados pode ser dividido em componentes capazes de favorecer a identificação mais adequada dos algoritmos de mineração a ser levado em considerações algumas informações relevantes tais como: a função do modelo e a representação do modelo.

2.4 Funções do Modelo

As funções do modelo são utilizadas para especificar o tipo de aplicação do algoritmo minerador, as mais comuns são descritas a seguir:

2.4.1 Classificação

A função de classificação tem por objetivo analisar um conjunto de dados que tenham as mesmas características. Segundo Quispe (2006), a classificação é uma função de previsão que pode ser usada para encontrar um modelo que classifique um item de dado entre várias classes previamente definidas. Uma vez que o algoritmo classificador foi desenvolvido de forma eficiente será usado de forma preditiva para classificar novos registros naquelas mesmas classes pré-definidas. Assim, um modelo de predição com classificação pode ser usado para estabelecer uma específica classe para cada registro do banco de dados. A classe deve ser de um conjunto finito de possíveis e predeterminados valores de classe (QUISPE,2006). Por exemplo, um sistema de classificação pode ser treinado para identificar o perfil de clientes inadimplentes na concessão de crédito, a partir das informações cadastrais armazenadas no banco de dados da empresa e pode ser usado como suporte a tomada de decisão no momento de conceder o crédito (DINIZ,2000).

2.4.2 Regressão

Trata-se de um conjunto de métodos e técnicas que permite a interpretação da relação funcional entre as variáveis com boa aproximação, bem como, tentar formar ideia da existência de uma relação entre as variáveis de cada conjunto, de tal modo que essa medida possa estabelecer modelos utilizados para fins de predição. As aplicações abordando métodos de regressão podem ser utilizadas em diversas áreas de conhecimento, por exemplo: prevê a economia nacional com base em certas informações (níveis de renda, investimentos e assim por diante), quais fatores ajudam a manter a qualidade dos serviços oferecidos, viabilidade de um novo produto ou o retorno esperado de um novo empreendimento, prever as séries de tempo onde as variáveis de ingresso podem ser intervalos irregulares. A análise de regressão pode ser considerada uma ferramenta analítica poderosa para explorar todos os tipos de relações de dependência (JUNGLOS,2003).

Uma técnica de regressão bastante utilizada no ponto de vista gerencial e estatístico é a análise regressão multivariada que pode ser usada para analisar a relação entre uma única variável dependente ou diversas variáveis independentes conforme os tipos de regressão (RESENDE,2005) e (SIMAR,2003).

2.4.3 Análise de Associação

Análise de associação tem como objetivo elaborar uma representação explícita entre os objetos, visando determinar relacionamentos entre conjuntos de itens de associação. Gera redes de interações e conexões presentes nos conjuntos de dados usando as associações item a item.

Entende-se que a presença de um item implica necessariamente na presença do outro item na mesma transação (DINIZ,2000). Uma regra de associação pode ser representada formalmente através do tipo, tanto X como Y considerado um conjunto de valores (produtos comprados por um cliente, sintomas apresentados por um paciente, etc.). A figura 2.2, exemplifica uma regra de associação voltada a identificar afinidades entre itens de um subconjunto de dados.

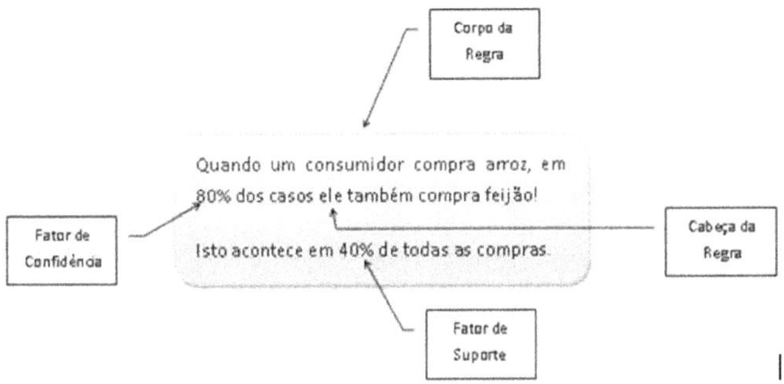

Figura 2.2 Exemplo de uma regra de associação . Fonte: (DINIZ,2000).

2.4.4 Análise de sequência

A análise de sequência constitui-se de uma variação da análise associativa objetivando extrair e registrar desvios e tendências no tempo. As regras identificadas são usadas para reconhecer sequências relevantes que possam ser utilizadas para prever comportamentos, modelar processos gerando uma sequência ou relatando tendências de um processo ao longo do tempo(DINIZ,2000).

Assim, dado um conjunto de dados ordenado pelo sobrenome do consumidor e pelo período de transação, por exemplo, José Oliveira visitou a loja em dois consecutivos dias. Ele comprou cerveja no primeiro dia, vodka no segundo dia, a tabela 2.1, mostra as sequências de transações dos consumidores organizadas segundo o tempo. Cada conjunto de parênteses indica uma transação que inclui um ou mais itens.

Consumidor	Seqüências dos consumidores
José Oliveira	(Cervejas) (Vodka)
João Soares	(Guaraná, Suco), (Cerveja) (Água, Licor, Vinho) , (Gin, Licor)
Pedro Tenório	(Cerveja), (Água, Gin, Vinho), (Vodka, Soda)
José Zappa	(Vodka)

Tabela 2.1 Sequências de transações dos consumidores. Fonte: (DINIZ,2000).

As técnicas de busca de características sequencial detectam características entre transações de tal forma que a presença de um conjunto de itens é seguido por outro conjunto de itens em um banco de dados de transações em um período de tempo (SANTINGE,1996), (DINIZ,2000) e (MÊUSER,2005). A técnica determina a frequência de cada combinação de transações que pode ser produzida nas sequências de consumidores e disponibilizam as características sequências cujas ocorrências relativas são maiores que um nível de suporte mínimo requerido. A tabela 2.2, apresenta as características sequenciais com suporte maior que 40%. A característica sequencial " a cerveja é comprada em uma transação anterior a transação em que vodka é comprada" ocorre em dois dos quadros consumidores.

Características Seqüenciais com Fator de Sustentação > 40%	Consumidores de Apoio
(Cervejas), (Vodka)	(José Oliveira, Pedro Tenório)
(Cerveja),(Vinho, Água)	(João Soares, Pedro Tenório)

Tabela 2.2 Características sequenciais com Suporte > 40% . Fonte: (DINIZ,2000).

2.4.5 Sumarização

A função de sumarização visa obter uma descrição compacta de um conjunto de dados, bastante usada na análise exploratória de dados objetivando a geração automatizada de relatórios (DINIZ,2000), (PANAROTTO,2005), (RENCHER,2002). Geralmente, a sumarização não é usada para a resolução de problemas, mas possibilita identificar características no conjunto de dados que possa sofrer ruídos que interfiram no processo de análise. A função de caracterização descreve as qualidades relevantes a partir de análises quantitativas, propiciando uma descrição compacta do conjunto, podendo generalizar, sumarizar e possivelmente contrastar características de dados. As funções de sumarização e caracterização tendem a ser complementares (RENCHER,2002). A sumarização é usada, principalmente, no pré-processamento dos dados, onde valores inválidos, no caso de variáveis quantitativas, são determinados através do cálculo de medidas estatísticas tais como mínimo, máximo, média, moda, mediana e desvio padrão amostral e, no caso de variáveis categóricas, através da distribuição de frequência dos valores (DINIZ,2000) e (HAIR,2005). Outras técnicas complementares de sumarização podem ser vista na literatura, a mais sofisticada se destina a técnica de visualização de dados, a qual têm sido parte integrante da análise estatística tornando-se de extrema importância para se obter de um entendimento, muitas vezes indutivo do conjunto de dados (SIMAR,2003) e (REZENDE,2005).

2.4.6 Visualização

As técnicas de visualização podem ser consideradas uma ferramenta poderosa para se analisar grande quantidade de dados. Em muitas situações, elas são suficientes para a extração das respostas de interesse, descobrindo padrões, tendências, estruturas e relações dentro de um conjunto de dados (HAIR,2005). O método de visualização escolhido para análise dependerá basicamente do tipo do conjunto de dados disponível e como esses dados podem ser modelados, por exemplo, se o conjunto de dados envolve chamadas telefônicas feitas em um intervalo de tempo específico, então uma representação visual desta informação poderia ser sumarizada através de um simples diagrama de associação, disponibilizando todas as relações entre as chamadas, conforme tabela 2.3 e figura 2.3.

De	1	1	2	4	4	8	7	8
Para	2	3	6	6	7	6	5	6
Horário	07:45	08:00	08:36	09:16	09:48	11:22	11:51	12:03
De	7	6	3	2	8	6	2	6
Para	4	2	2	6	6	2	6	7
Horário	14:03	14:18	14:53	15:34	16:19	16:38	17:05	17:28

Tabela 2.3 Representação tabular das chamadas telefônicas. Fonte: (HAIR,2005)

A figura 2.3, apresenta a visualização de várias camadas entre certos pares de telefones. As linhas mais grossas no diagrama representa os números maiores de chamadas, a partir deste diagrama é possível detectar rapidamente quais números merecem uma análise mais detalhada, enquanto no formato tabular são necessários cálculos adicionais para análise de frequências. Também pode-se verificar e ocorrências de associações com outros números para se obter a mesma informação.

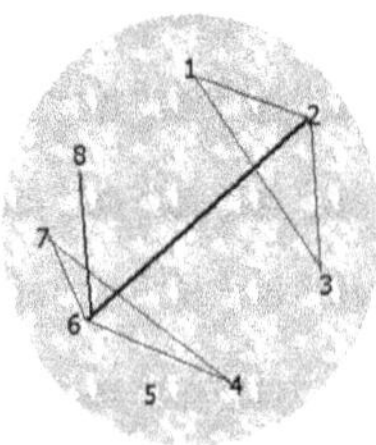

Figura 2.3 Diagrama de associação das chamadas telefônicas (DINIZ,2000)

Outras representações dos métodos de visualização podem ser vistas na literatura, por exemplo, os métodos de visualização simples de dados, os quais baseiam-se em gráficos ou cálculos matemáticos que, de alguma forma, representam ou resumem características dos conjuntos de dados (ZUCHINI,2003). Os gráficos podem ser plotados em formas bidimensionais, tridimensionais etc., proporcionando o relacionamento dos atributos dos dados ou integrando algum resumo matemático a partir da média, potência, logaritmo ou quaisquer técnicas descrita na matemática.

Segundo Fayyad (1996), estes gráficos formam uma espécie de descrição sucinta dos conjuntos de dados cuja análise preliminar possibilitaria um melhor entendimento dos dados e evitaria a aplicação negligente de técnicas de mineração de dados, o que muitas vezes leva a resultados sem sentido (FAYYAD,1996).

A classificação dos métodos de visualização de dados pode ser resumida a partir de histogramas, gráficos relacionando atributos ou resumos destes entre si ou representações icônicas, onde normalmente associa-se um atributo de dado a um atributo de uma figura que o representará (EVERITT,1993), (ZUCHINI,2003).

Outros métodos de visualização de dados, incluem: diagramas baseados em proporções, diagramas de dispersão, histogramas, box plots entre outros (RESENDE,2005) e (SIMAR,2003). Os modelos que incluem a representação dos dados através de figuras poligonais podem ser visualizados a partir das "faces de Chernoff ".

As faces de Chernoff é considerada uma técnica para ilustrar tendências em dados multidimensionais (CHERNOFF,1973a), (CHERNOFF,1975b). As faces representadas por este modelo ilustram características faciais para representar dados em diferentes dimensões capazes de representar tendências em termos de valores nos dados e podem ser utilizados para visualizar graficamente dados multivariados complexos. As faces apresentadas na figura 2.4, ajudam ao usuário na detecção de padrões, agrupamentos e correlações entre os dados, os quais são simplificados a partir de desenhos proveniente da face humana.

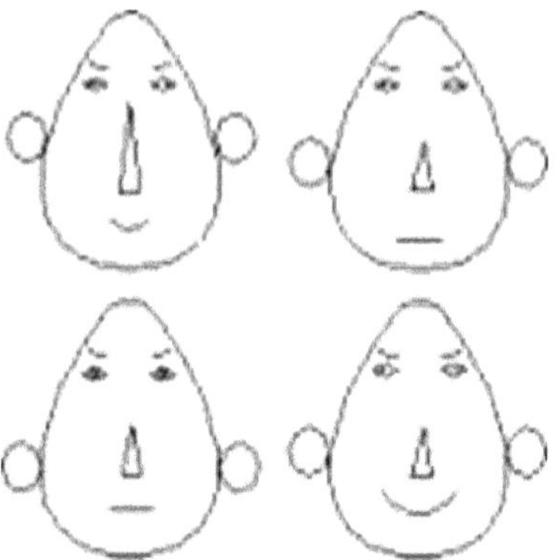

Figura 2.4 Faces de Chernoff. Fonte: CHERNOFF,1973b.

2.5 Representação do Modelo

As funções do modelo têm um papel importante na análise e modelagem do problema. Porém, a integração da função e representação do modelo podem ser consideradas um dos fatores de grande relevância, uma vez que, os modelos representados a partir de algoritmos de mineração de dados, podem determinar a flexibilidade do mesmo em representar o conjunto de dados e a sua interpretação (DINIZ,2000).

Os modelos mais complexos podem ajustar melhor os dados, entretanto, ficam mais difíceis de serem interpretadas (DINIZ,2000), representações mais tradicionais incluem árvore de decisão (ZANTINGE,1996), conjunto de regras (HAIR,2005), métodos de agrupamento (MEÛSER,2005), modelos lineares (RESENDE,2005) e não lineares (ZUCHINI,2003) e (SIMAR,2003).

2.5.1 Árvores de Decisão e Regras de Decisão

Quando o processo de mineração de dados é direcionado ao critério de classificação, o método de árvore de decisão pode ser conveniente quando o objetivo se relaciona a categorização dos dados. As árvores de decisão são ferramentas poderosas e populares para classificação e diagnóstico (RENCHER,2002). A estrutura de uma árvore de decisão pode ser ilustrada conforme figura 2.5, onde cada nodo interno identifica um dos atributos de previsão. Cada linha que sai desde nodo identifica um valor que poderá ser assumido por tal nodo; cada folha identifica o resultado da previsão ou objetivo.

A árvore é formada por nós e é no primeiro deles, o nó raiz, que envolve todo o conjunto de dados, onde o processo de classificação se inicia. O nó raiz testa todos os itens para o comprimento $\leq$ 0,75. Itens que satisfazem este teste vão para o arco abaixo pela esquerda (verdadeiro), permanecendo em um nó (nó terminal ou folha), indicando que todos os pinos pertencem a uma classe (Quadrado) e nenhum teste será mais necessário. O arco a direita (Falso) do nó raiz recebe todos os casos que falharam no teste inicial. Esses pinos ainda não pertencem a uma só classe e, portanto, futuros testes serão necessários ao nó intermediário.

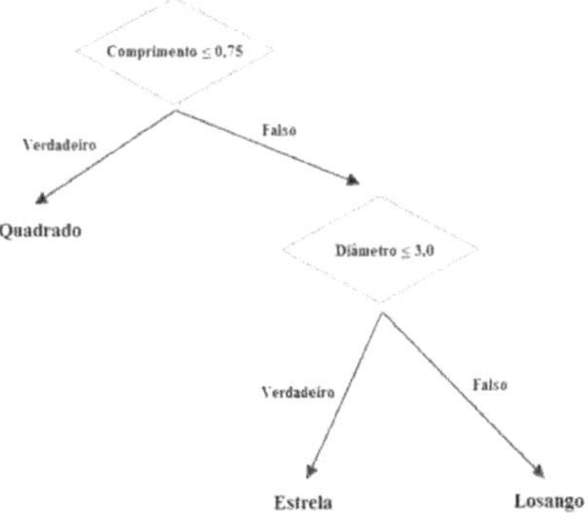

Figura 2.5 Classificando dos pinos através de árvore de decisão (WITTEN,1999).

O teste nesse nó é para o diâmetro ≤3,00. Os pinos que satisfazem o teste estão todos em uma só classe (Estrela) e aqueles que falharam também estão em uma classe (Losango), e assim ambos deste nó intermediário conduziram a nós terminais (WITTEN,1999).

A integração dos métodos de árvore de decisão e regra de decisão pode ser consideradas ferramentas fundamentais como técnicas de previsão. As regras de decisão podem ser considerados um processo para analisar uma série de dados e a partir dela gerar padrões (MAIA,2005). Os modelos de predição utilizando árvores de decisão e regras de decisão deverão ser capazes de predizer corretamente situações já conhecidas antes de iniciar a predição de novas situações (HAIR,2005). Um exemplo simples e hipotético apresentado por Weiss (1997) e interpretado por Diniz (2000), é apresentado para assimilação dessas técnicas (DINIZ,2000),(WEISS,1997). Suponha que estão disponíveis dados sobre o comprimento e diâmetro de uma série de pinos que podem ter o formato de quadrado, de estrela ou de losango. Uma classificação que caracteriza a variedade do pino como uma função do comprimento e do diâmetro pode ser útil para se entender como essas variedades diferem.

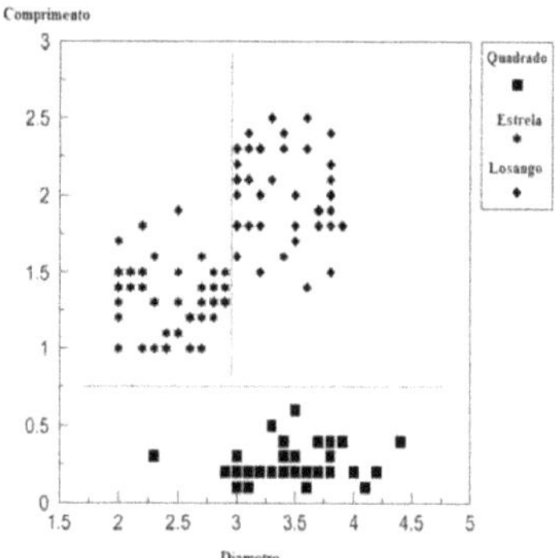

Figura 2.6 Dados dos pinos - Classificação que caracteriza a variedade do pino como uma função do comprimento e do diâmetro Fonte: WEISS,1997.

Os dados são ilustrados na figura 2.7, apresenta duas linhas paralelas aos eixos, uma no comprimento = 0.75 e outra no diâmetro = 3,00, que parecem particionar as três variedades em três diferentes subáreas. Métodos de solução por decisão por árvore fornecem automaticamente estas partições de eixos paralelos (DINIZ,2000).

As regras de decisão são soluções alternativas baseadas em decisão por árvore. Uma regra pode ser construída através da formação de um conjunto de testes que ocorrem nos caminhos entre nó raiz e os nós terminais. A coleção de todas tais regras obtidas considerando cada caminho nó raiz a um nó terminal é uma solução, baseada em regras, para a classificação. No exemplo dos pinos, utilizamos para ilustrar a decisão por árvore, a solução por regra:

Se (*Comprimento* ≤ 0,75)

Então Quadrado

Se (Não (*Comprimento* ≤ 0,75)) & (*Diâmetro* ≤ 3,00)

Então Estrela

Se (Não (*Comprimento* ≤ 0,75) & (Não (*Diâmetro* ≤ 3,00)

Então Losango

Figura 2.7 Regra de decisão. Fonte: DINIZ,2000.

Gerada uma solução utilizando árvore de decisão ou regra de decisão, esta pode ser usada para estimar ou predizer a resposta ou classe variável para um novo caso (DINIZ,2000).

2.6 Análise de Agrupamento

A prática de classificar objetos de acordo com similaridades percebidas pode ser considerada a base inicial para vários aspectos da ciência, o principal objetivo da análise de agrupamento (*cluster*) está relacionado ao processo de agrupar elementos de dados mediante o particionamento de uma população heterogênea em vários subgrupos mais homogêneos. De acordo com Jain (1988), a análise de agrupamento é o estudo formal dos algoritmos e dos métodos para agrupar, ou classificar objetos (JAIN,1988). No agrupamento, não há classes pré-definidas, os elementos são agrupados de acordo com a semelhança, o que a diferencia da tarefa de classificação, buscando reunir indivíduos ou objetos em grupos tais que os objetos no mesmo grupo são mais parecidos uns com os outros do que com os objetos de outros grupos (HAIR,2005). A ideia é maximizar a homogeneidade de objetos dentro dos grupos, ao mesmo tempo em que maximiza a heterogeneidade entre os grupos (JUNGLOS,2003).

Os métodos de agrupamentos vêm sendo abordadas em diversas áreas de conhecimento e pode variar desde ciências biológicas (por exemplo, criar a taxonomia biológica para a classificação de vários grupos de animais) às ciências sociais (por exemplo, analisar vários perfis psiquiátricos), faz com que os métodos de agrupamentos sejam usados de forma adequada no processo de análise de dados. Os métodos de agrupamento são aqueles que buscam dividir um conjunto de objetos não rotulados em grupos (partições) de forma que os objetos de cada grupo tenham mais semelhanças entre si do que em relação aos objetos de qualquer outro grupo (ZUCHINI,2003).

O principal objetivo da análise de agrupamentos é definir a estrutura dos dados colocando as observações mais parecidas em grupos. Os grupos são determinados de forma a obter-se homogeneidade dentro dos grupos e heterogeneidade entre eles.

Segundo Jain (1988), análise de agrupamento é um tipo especial de classificação (JAIN,1988). A figura 2.8, mostra uma árvore abordando diferentes métodos de agrupamento aplicados ao problema de classificação de forma simplificada, os quais são descritos a seguir:

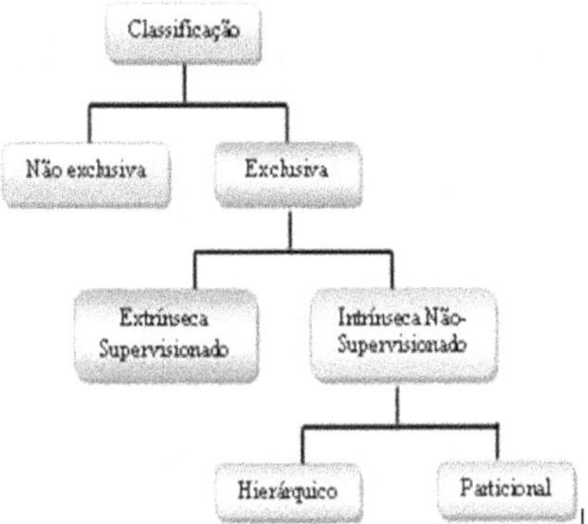

Figura 2.8 Classificação simplificada dos métodos de agrupamentos. FONTE: JAIN,1988.

2.6.1 Métodos de Agrupamento

A análise de agrupamentos é considerada uma técnica analítica para desenvolver subgrupos significativos de indivíduos ou objetos e têm como objetivo classificar uma amostra de entidades em um pequeno número de grupos mutuamente excludentes, com base nas similaridades entre eles (JUNGLOS,2003). Esta técnica pode ser dividida em três etapas: a primeira relaciona-se a medida de similaridade ou associação entre as entidades para determinar quantos grupos realmente existem na amostra; a segunda refere-se a busca do processo de agrupamento, nos quais entidades são particionadas em grupos, e o último passo busca em estabelecer o perfil das variáveis para determinar sua composição. Os métodos analisados são expostos na figura 2.9. O critério de classificação utilizando os métodos intrínsecos é a essência da análise de agrupamento (JAIN,1988).

Adaptações ao modelo simplificado aos métodos de agrupamentos podem ser visto em Rencher(2002), Zuchini (2003) e Jain (1988), os quais podem ser representados graficamente a partir da figura 2.9.

Figura 2.9 Classificação simplificada dos métodos de agrupamentos adaptado. Fonte: JAIN,1988.

2.6.2 Agrupamento Hierárquico

A análise de agrupamentos corresponde ao grupo de técnicas multivariadas de dados cuja finalidade primária é agregar objetos com base nas características que eles possuem. Entre essas técnicas se encontram o procedimento hierárquico, o qual opera para formar um intervalo inteiro de soluções de agrupamentos (JUNGLOS,2003).

Também, pode ser considerado um método aglomerativo que objetiva fundir agrupamentos individuais (inicialmente cada grupo contém um único objeto) em partições maiores até a obtenção de uma única partição contendo todos os objetos do conjunto, onde os agrupamentos são formados pela combinação de outros já existentes (JUNGLOS,2003).

O procedimento hierárquico trata o conjunto de dados como uma estrutura de partições, cada uma correspondendo a um agrupamento, hierarquicamente organizadas segundo a similaridade entre seus objetos (JAIN,1988), (RESENDE,2005) e (ZUCHINI,2003). A maioria dos métodos de análise de agrupamento requer uma medida de similaridade entre os elementos a serem agrupados, normalmente expressos como uma função distância ou métrica. A correspondência ou associação de dois objetos baseada nas variáveis da variável estatística de agrupamento pode ser contextualizado como formação da medida de similaridade.

Em Joseph (2005), a similaridade pode ser medida a partir de uma medida de associação, com coeficientes de correlação positivas maiores representando maior similaridade. A proximidade entre cada par de objetos pode avaliar a similaridade onde medidas de distância ou de diferença são empregadas e as menores distâncias ou diferenças representam maior similaridade (SIMAR,2003), (RESENDE,2005) e (HAIR,2005).

Representação Formal	Medidas de Similaridade
$X=[x_1,x_2,x_3,\ldots,x_n] e Y=[y_1,y_2,y_3,\ldots,y_n]$	Objetos
$d_{xy}=\sqrt{(x_1-y_1)^2+(x_2-y_2)^2+\ldots+(x_n-y_n)^2}=\sqrt{\sum i=_1^p(x_i-y_i)^2}$	A
$d_{xy}=(x_1-y_1)^2+(x_2-y_2)^2+\ldots+(x_n-y_n)^2=\sum i=_1^p(x_i-y_i)^2$	B
$d_{xy}=\lvert x_1-y_1\rvert^2+\lvert x_2-y_2\rvert^2+\ldots+\lvert x_n-y_n\rvert^2=\sum i=_1^p\lvert x_i-y_i\rvert^2$	C
$dx_y=maximo(\lvert x_1-y_1\rvert+\lvert x_2-y_2\rvert+\ldots+\lvert x_n-y_n\rvert)$	D

Tabela 2.4 Representação formal das Medidas de Distâncias: (A)Euclidiana,(B)Quadrado da Euclidiana,(C)Manhattan e (D)Chebychev. Fonte: JOSEPH,2005.

A tabela 2.4, exibe a representação formal de muitas medidas de similaridade, muitas dessas medidas poderão ser adotadas na análise de agrupamentos. Porém, a métrica mais utilizada é a distância euclidiana, por ser um procedimento comum quando nenhuma outra informação prévia existente acerca dos dados de entrada e poderá afetar diretamente na quantidade de formação dos grupos encontrados pelos algoritmos de agrupamento, onde os aspectos de estrutura do espaço podem (ou não) ser levados em consideração durante o processo de acordo com a métrica escolhida (HAYKIN,2001), (JAIN,1988), (KOVACZ,2002),(RESENDE,2005), e (ZUCHINI,2003).

2.6.3 Método Aglomerativo

Os métodos hierárquicos envolvem a construção de uma hierarquia de uma estrutura do tipo árvore. As técnicas aglomerativas mais populares podem ser utilizada para descobrir agregado e são divididos em:

a) **Ligação Individual** : o procedimento de ligação individual ou ligação simples é baseado na distância mínima. Ele encontra os dois objetos separados pela menor distância e os coloca primeiro no agrupamento. Em seguida, a próxima distância mais curta é determinada, e um terceiro objeto se junta aos dois primeiros para formar um agregado, ou um novo agrupamento de dois membros é formado. O processo continua até que todos os objetos formem um só agregado. Esse procedimento também foi chamado de abordagem do vizinho mais próximo (JUNGLOS,2003).

b) **Ligação Completa**: o procedimento de ligação completa é semelhante ao da ligação simples ou individual, exceto em que o critério de agrupamento se baseia na distância máxima(JUNGLOS,2003).

Por essa razão, às vezes é chamado de abordagem do vizinho mais distante ou de método do diâmetro (JUNGLOS,2003). A distância máxima entre indivíduos em cada agregado representa a menor esfera (diâmetro mínimo) que pode incluir todos os objetos em ambos os agrupamentos.

Esse método é chamado de ligação completa porque todos os objetos em um agrupamento são conectados um com o outro a alguma distância máxima ou similaridade mínima. Podemos dizer que a similaridade interna se iguala ao diâmetro do grupo. Esta técnica elimina o problema de encadeamento identificado na ligação individual (JUNGLOS,2003).

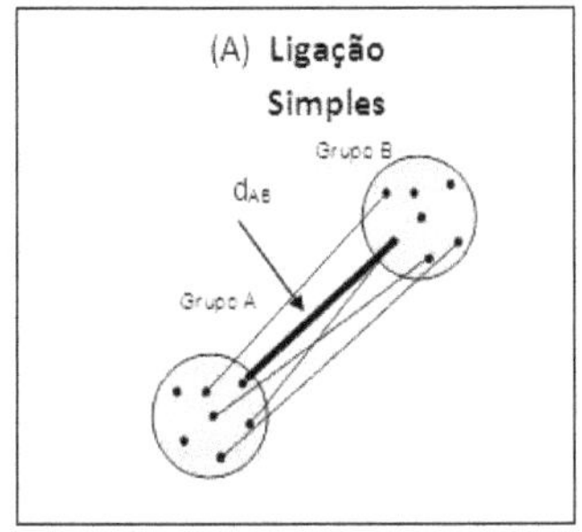

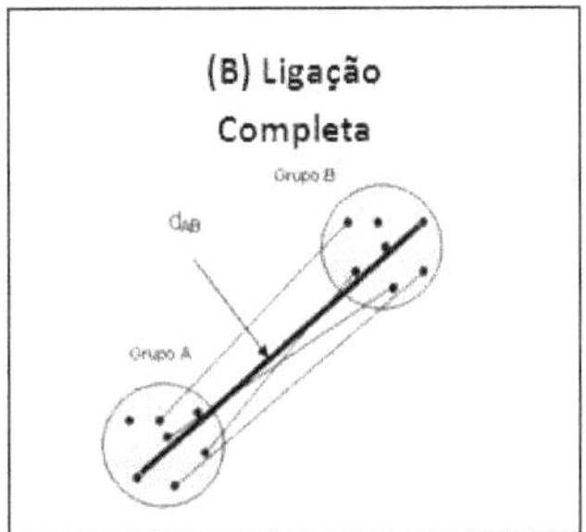

Figura 2.10 Ilustração do Critério de Ligação Simples e Completa. Fonte: JUNGLOS,2003.

O critério de ligação simples define *dAB* como a menor distância entre todos os pares (x, y) de dois objetos onde $x \in A$ e $y \in B$ (Figura 2.10), considerando o critério de ligação completa utilizando como a maior distância entre todos os pares (x, y). Assim, depois de calculadas as distâncias entre os agrupamentos os algoritmos promovem a união dos agrupamentos com a menor distância entre si (JUNGLOS,2003).

c) **Ligação Média:** o método de ligação média começa da mesma forma que a ligação individual ou completa, mas o critério de agrupamento é a distância média de todos os indivíduos em um agrupamento aos demais em um outro. Esta técnica não depende de valores extremos, como ocorre na ligação individual ou completa, e a partição é baseada em todos os elementos dos agregados, em vez de um único par de membros extremos. Abordagens de ligação média tendem a combinar agregados com pequena variação interna. Elas também tendem a produzir agregados com aproximadamente a mesma variância (JUNGLOS,2003).

d) **Método de Ward:** no método do *ward*, a distância entre dois agrupamentos é a soma dos quadrados entre os dois agrupamentos feita sobre as variáveis. Em cada estágio do procedimento de agrupamento, a soma interna de quadrados é minimizada sobre todas as partições (o conjunto completo de agrupamentos disjuntos ou separados) que podem ser obtidas pela combinação de dois agregados do estágio anterior.

Este procedimento tende a combinar agrupamentos com um pequeno número de observações. Ele também tende a produzir agregados com aproximadamente o mesmo número de observações (JUNGLOS,2003).

e) **Método Centroide:** no método centroide, a distância entre dois agrupamentos é a distância (geralmente euclidiana quadrada ou euclidiana simples) entre seus centroides. Centroides são valores médios das observações na variável estatística de agrupamento. Neste método, toda vez que indivíduos são reunidos, um novo centroide é computado.

Os centroides migram quando ocorrem fusões de agregados. Em outras palavras, existe uma mudança no centroide do agrupamento toda vez que, um novo indivíduo ou grupo de indivíduos é acrescentado a um agregado já existente (JUNGLOS,2003). Esses algoritmos diferem na forma como a distância entre os agrupamentos é computada. A saída gerada por esses algoritmos podem proporcionar a criação de gráficos demonstrando o processo de formação desses agrupamentos, conforme o que segue:

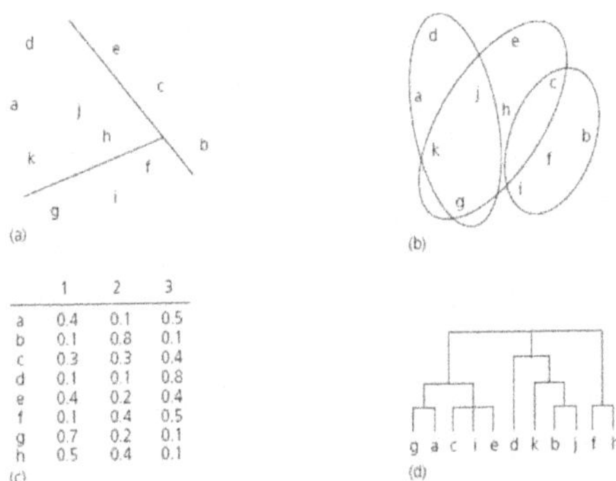

	1	2	3
a	0.4	0.1	0.5
b	0.1	0.8	0.1
c	0.3	0.3	0.4
d	0.1	0.1	0.8
e	0.4	0.2	0.4
f	0.1	0.4	0.5
g	0.7	0.2	0.1
h	0.5	0.4	0.1

Figura 2.11 Diferentes tipos de representação de agrupamentos. Fonte: JUNGLOS,2003.

Os diagramas representados na figura 2.11, exibem uma representação gráfica de diferentes tipos de *clusters*, as representações mais comuns são a do modelo dendrograma. A palavra grega dentro significa “uma árvore”, ou seja, diagramas em árvore (WITTEN,1999). Os dendrogramas pode ser considerado uma espécie de grafo em árvore que representa as junções sucessivas de partições e que pode gerar agrupamentos diferentes conforme o nível que é seccionada (RESENDE,,2005) e (ZUCHINI,2003).

2.6.4 Métodos Divisivos

Quando o processo de classificação utiliza métodos divisivos ocorre uma inversão com o método hierárquico aglomerativo. Pode-se observar que um conjunto contendo todos os dados é particionado a partir de um aglomerado unificado. Os métodos divisivos começam o processamento a partir de um grande agregado que contém todas as observações (objetos). Em passos sucessivos, as observações mais diferentes entre si são separadas e transformadas em agrupamentos menores, ou seja, podemos considerar a existência de uma única partição (o próprio conjunto de dados), subdividindo esta partição em uma série de partições alinhadas (INMON, 1997) e (JUNGLOS,2003).

Os métodos hierárquicos são bastante utilizados no processo de análise multivariada de dados. Porém, a literatura mostra que em bases de dados de grande porte esses métodos podem se tornar impraticável por ser difícil visualizar as informações contidas no dendrograma e nos demais tipos de gráficos resultados dessa classificação. Segundo Jain (1988), essas técnicas são impraticáveis quando o número de objetos é elevado, fato bastante comum no processo de mineração de dados (JAIN,1988).

2.6.5 Métodos Particionais

Os métodos particionais têm como objetivo dividir um conjunto de objetos em um número preestabelecido de *clusters*. O método mais popular é conhecido como *k-means*. Este algoritmo divide o conjunto de dados em partes disjuntas, satisfazendo as seguintes recomendações:

a) objetos de uma mesma parte estão próximos de acordo com um critério de dado;
b) objetos de partes distintas que estão longe, de acordo com este mesmo critério.

A subdivisão realizada pelo algoritmo *k-means* como método particional, opera da seguinte forma: cria-se uma partição inicial aleatória de K partes e posteriormente em um processo iterativo, os elementos das partes vão sendo realocados para outras partes de modo a melhorar o particionamento a cada iteração, isto é, de modo que cada parte realmente contenha objetos que estão próximos e objetos em partes distintas estejam longe um do outro. Segundo Jain (1988), Rencher (2002) e Zuchini (2003), os métodos particionais dividem o conjunto dos N objetos em K agrupamentos sem relacioná-los hierarquicamente entre si, como o fazem métodos hierárquicos

Normalmente as partições são obtidas pela otimização de um critério local definido(sobre um subconjunto de objetos ou globalmente na forma de uma função objetivo. A aproximação dos objetos pode ser analisada a partir da formação de uma matriz de distância ou das similaridades de acordo com uma métrica estabelecida (no caso da distância euclidiana). Assim, podemos descrever os objetos do conjunto de dados por uma simples representação matemática, onde $X = [x_1, x_2, x_3, ...x_n]$ representa o conjunto de objetos de um número $K \leq X$, representando o número de *clusters* que se deseja formar.

Seja $C = [C_1, C_2, C_3, ..., C_n]$ uma partição do conjunto de dados em k clusters e sejam os elementos escolhidos em cada um dos *clusters*, representando os centros dos mesmos conhecidos na literatura como os centroides. Cada entidade influencia o grupo , cujo protótipo = $[v_1, v_2, v_3, ..., v_k]$ os elementos escolhidos em cada um dos *clusters*, representando os centros de área ou centroides. Cada entidade x_i (i = 1, ...,n), influencia o grupo C_k (k = 1, ...,K),cujo protótipo v_k está mais próximo. Os centroides constituem valores médios dos objetos contidos no agrupamento sobre cada variável usados nas variáveis estatísticas de agrupamento ou no processo de validação. Toda vez que os objetos são reunidos, um novo centroide é computado (JUNGLOS,2003), (RESENDE,2005) e (ZUCHINI,2003) e os objetos são realocados a partir de v_k :

$$v_k = \frac{1}{m} \sum_{j}^{m} =1 x_j^k$$

Fonte: ZUCHINI,2003.

(2.1)

Uma característica relevante do *k-means* está direcionada ao emprego de uma função objetivo conhecida como erro quadrático utilizado na aproximação das partições e pode ser representado matematicamente por:

$$e_k^2 = \sum_{j=1}^{K} \sum_{i=1}^{N} \left\| x_i - v_k \right\|^2 \quad (2.2)$$

Fonte: ZUCHINI,2003.

O *k-means* recebe como entrada um número *k* de agrupamentos e atribui aleatoriamente um objeto como sendo o centroide inicial de cada agrupamento. Sucessivamente, cada objeto é associado ao agrupamento mais próximo e o *centroide* de cada agrupamento é então recalculado levando-se em conta o novo conjunto de objetos a ele pertencentes (ZUCHINI,2003).

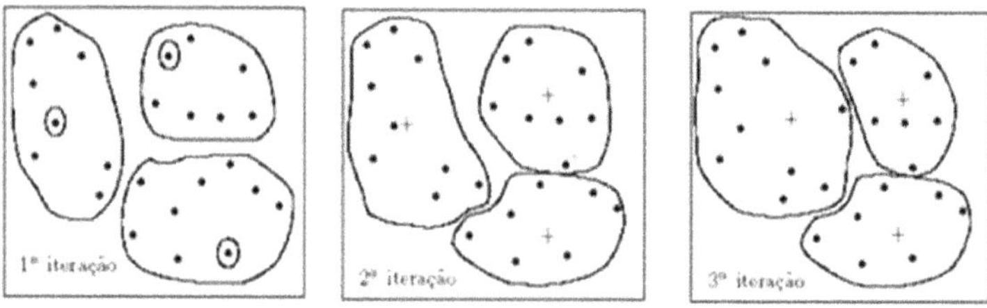

Figura 2.12 Método *k-means* na formação de *clusters.* Fonte: ZUCHINI,2003.

Na figura 2.12, podemos observar as iterações do algoritmo k-means utilizando $k = 3$, os objetos selecionados em círculos representa a escolha aleatória dos *k* protótipos, nas iterações seguintes os centroides são marcados pelo sinal de +. Em seguida, podemos visualizar o critério de convergência do algoritmo que pode ser analisado a partir das observações referentes as trocas de objetos. O algoritmo *k-means* converge quando ocorrem poucas trocas de objetos entre os grupos ou quando o valor de e^2k é minimizado, ou até mesmo quando v_k não se altera em duas iterações consecutivas. De acordo com Rencher (2002) e Zuchini (2003), o método *k-means* possui sua maior vantagem quando atua sobre um conjunto de dados com elevado número de objetos.

2.7 Grafos

Os agrupamentos de dados baseado em grafos utiliza algoritmo baseado na construção de uma árvore geradora mínima (*Minimum Spanning Tree - MST*) e tem como objetivo à geração de um grafo de modo que os objetos não possua ciclos e seja conectado por um arco, ou seja, uma árvore. Assim, os agrupamentos são obtidos a partir do primeiro arco de maior comprimento de produção dos aglomerados (ANIL,1999) e (ZUCHINI,2003).

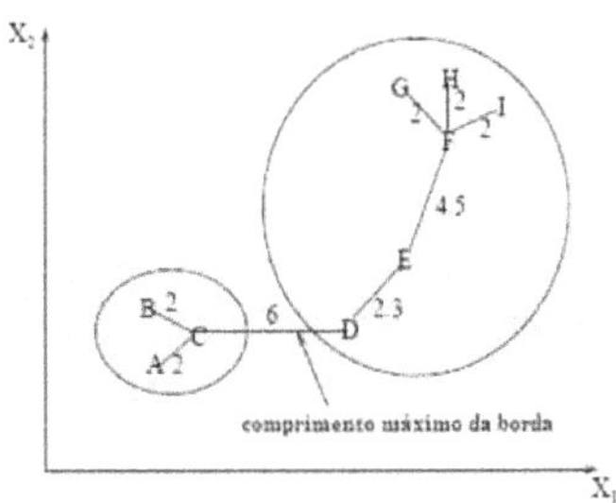

Figura 2.13 Algoritmo MST de caminho mínimo abrangendo a árvore de *clusters*. Fonte: ANIL, 1999.

Os agrupamentos obtidos pelo algoritmo MST são subgrafos bastante similares ao método de agrupamento aglomerativo, especificamente ligação simples e completa. Maiores detalhes do algoritmo pode ser visto em Anil (1999).

2.8 Métodos de Projeção

Os algoritmos de projeção visto em Anil (1999) e Zuchini (2003), procuram realizar um conjunto de testes a partir do mapeamento de objetos no espaço d-dimensional de n em um espaço m -dimensional, onde $m<d$. O principal objetivo da realização desses testes é permitir a análise visual dos dados utilizando técnicas que possam exibir uma estrutura do espaço original o mais fielmente possível no hiperplano de projeção, possibilitando assim uma análise de agrupamentos que pode ser realizada visualmente caso $m = 2$ ou $m = 3$ e que poderá servir para validar resultados obtidos por outros métodos de mineração de dados (ZUCHINI,2003). Quando esses testes são executados a partir de uma projeção linear podemos obter novas características de como a combinação linear das características originais de d. Segundo Jain (1988), uma projeção linear pode ser representada por:

$$y_i = x_i,\ i = 1, \ldots, n \tag{2.3}$$

Fonte: JAIN,1988.

Onde x é uma matriz m,d, que gera os vetores $y = [y_1, y_2, y_3, \ldots y_d] \in R_d$, podendo ser representado por uma combinação linear de suas colunas. Os algoritmos de projeção lineares são bastante simples de usar. O mais popular é a projeção de autovetores que também pode ser conhecida como método de *Karhunen–Loeve* ou Análise de Componentes Principais (PCA) (HAYKIN,2001). Este algoritmo tem como objetivo encontrar um método para condensar dados originais obtidos a partir de um conjunto de variáveis com dimensão elevada em um conjunto menor de variáveis com uma perda mínima de informação.

O PCA é um método de identificar padrões nos dados, visando expressar os mesmos de modo a salientar as similaridades e diferenças existentes (RESENDE,2005). Essas diferenças podem ser denominadas de processo de seleção ou extração de características (STEWART,1997). De acordo Haykin (2001), a seleção de característica se refere a um processo no qual um espaço de dados é transformado em um espaço de característica que, em teoria, tem exatamente a mesma dimensão que o espaço original de dados.

Entretanto, a transformação é projetada de tal forma que o conjunto de dados pode ser representado por um número reduzido de características "*efetivas*" e ainda reter a maioria do conteúdo de informação intríseco dos dados; em outras palavras, o conjunto de dados sofre uma redução de dimensionalidade".

Outros autores como Haykin (2001), Simar (2003) e Thornhilla (2002), consideram o PCA um método simples, principalmente quando se refere a escolha dos componentes principais e na formação do vetor característica considerado uma das fases relevantes do processo de redução de dimensionalidade.

O método PCA toma um conjunto $X = [x_1, x_2, x_3, ...x_n]$ (dados transformados com a subtração da média) representando uma realização do vetor de entrada. Para as n soluções possíveis para o vetor q, podem ser constatadas a existência de n projeções possíveis do vetor de dados x (HAYKIN,2001) a serem considerados por:

$$a_i = q^T_i \ x = xqi^T , i = 1,2, ...,n \tag{2.4}$$

$$Q = [q_1,q_2,q_3, ...,q_n](autovetores) \tag{2.5}$$

Fonte: HAYKIN,2001.

Onde a_i são considerados as projeções de x sobre as direções principais representadas pelos vetores de entrada, também conhecidos como componentes principais e possuem as mesmas dimensões físicas que o vetor de dados x. A equação 2.8, pode ser vista como uma fórmula de análise. Para reconstruir exatamente o vetor de dados original x a partir das projeções ai, considere $[a_i| \ i = 1,2,3, ...,n]$, combinações do conjunto de projeções em um único vetor a partir de:

$$Q = Q^T x \tag{2.6}$$

Fonte: HAYKIN,2001.

Multiplicado pela matriz Q e então usando a relação de :

$$Q^T = Q^{-1}$$

(2.7)

Fonte: HAYKIN,2001.

Consequentemente, o vetor de dados original x pode ser reconstruído por:

$$X = Q_a = \Sigma^{m}{}_{i=1} \quad a_i q_i$$

(2.8)

Fonte: HAYKIN,2001.

Neste sentido, os vetores representam uma base no espaço de dados, ou seja, não é nada mais do que uma transformação de coordenadas, de acordo com a qual um ponto x no espaço de dados é transformado em um ponto a correspondente um espaço características. Desta forma, a praticidade na análise de componentes principais constitui em fornecer uma técnica efetiva para redução de dimensionalidade, reduzindo o número de características necessárias para a representação efetiva dos dados descartando aquelas combinações lineares que têm variâncias pequenas e retendo apenas aqueles termos de variâncias grandes (STEWART,1997).

2.9. Exercícios propostos

2.9.1. Quais são os métodos de agrupamentos? Descreva vantagens e desvantagens.
2.9.2. Quais as principais diferenças entre a descoberta de conhecimento em bases de dados e mineração de dados?
2.9.3. Quais as principais diferenças entre a mineração de dados e a estatística?
2.9.4. Defina o significado de classificação, regressão, análise de associação, análise de sequência, sumarização e visualização.
2.9.5. Quais são as principais diferenças entre árvores de decisão e regras de decisão?

2.10. Síntese e Conclusões

Este capítulo buscou fazer uma revisão da literatura, abordando os principais métodos de mineração de dados, não tendo a intensão de ser uma obra completa. Neste contexto, outras técnicas sofisticadas podem ser vista na literatura como forma complementar aos métodos de mineração de dados, por exemplo, a teoria dos conjuntos nebulosos por Zadeh (1996c), oferece subsídios para a extensão dos métodos de agrupamento *fuzzy cluster* (MCNEILL,1994), (MENDEL,1995) e (SMITH,2007). Em Anil (1999), faz uma breve revisão dos métodos de agrupamentos, inclusive naqueles baseados em algoritmos genéticos (ANIL,1999). Outros métodos de projeção podem ser visto em Simar (2003), Hair (2005), Rencher (2002) e Zuchini (2003), os quais incluem: análise discriminante, escalonamento multidimensional, projeção de Sammon, curvas principais, entre outros.

Capítulo 3 - Redes Neurais

3.1 Introdução

Desde os mais remotos tempos, o ser humano vive envolvido com o problema de lidar com o ambiente que o cerca. A ciência tem evoluído na busca de entender e predizer o comportamento do universo e dos sistemas que o compõe criando modelos adequados que conciliem as observações feitas sobre esses sistemas. Com o ressurgimento das redes neurais artificiais na década de 80, muitas definições abordando sistemas de processamento paralelo e distribuídos foram abordados na literatura e conhecidas como conexionismo. Esta forma de computação abordando redes neurais trabalha com abordagem de decisões não-estruturadas e relembram a estrutura do cérebro humano por não ser baseada em regras ou em programas algoritmos e se constitui um método alternativo à computação algorítmica convencional.

As redes neurais têm sido empregadas com sucesso em várias áreas onde a abordagem convencional tem falhado em fornecer soluções satisfatórias. Essas abordagens fazem parte do conjunto de técnicas estudadas na área de inteligência computacional (SILVA at. al., 2006). Segundo Haykin (2001), as redes neurais artificiais se constituem em uma técnica de inteligência artificial, cujo objetivo é simular o processo de funcionamento do cérebro humano, através de um neurônio artificial e possui a capacidade de armazenar conhecimento experimental e torná-lo disponível para uso e têm apresentado desempenho satisfatório em diversas áreas de conhecimento, tais como: classificação, reconhecimento de padrões, mineração de dados, aproximação de funções, processamento de séries temporais. Essas práticas estão se tornando mais presente no nosso dia a dia e apresentam-se, atualmente, como uma abordagem alternativa aos métodos estatísticos tradicionais na solução de problemas não triviais (KOVACZ,2002).

As redes neurais artificiais (RNAs) são sistemas paralelos distribuídos compostos por unidades de processamento simples (nodos) que calculam determinadas funções matemáticas (normalmente não-lineares). Tais unidades são dispostas em uma ou mais camadas e interligadas por um grande número de conexões, geralmente unidirecionais. Na maioria dos modelos estas conexões estão associadas a pesos, os quais armazenam o conhecimento representado no modelo e servem para considerar a entrada recebida por cada neurônio da rede. Em Haykin (2001), uma rede neural pode ser definida como um processador distribuído maciçamente paralelo feito de simples unidades de processamento, que tem a propensão natural de guardar conhecimento experimental e torná-lo disponível para uso. Uma rede neural assemelha-se ao cérebro em dois aspectos:

1. O conhecimento de um domínio é adquirido pela rede durante o processo de aprendizado (HAYKIN,2001)
2. As forças de conexões entre neurônios, conhecidos como pesos sinápticos, são usadas para guardar o conhecimento adquirido (HAYKIN,2001).

Em Mêuser (2005), as redes neurais artificiais podem ser definidas como um sistema constituído por elementos de processamento interconectados, chamados de neurônios, os quais estão dispostos em camadas e são responsáveis pela não-linearidade e pela memória da rede.

Em Ludemir (2000), as RNAs são sistemas paralelos distribuídos compostos por unidades de processamento simples (nodos) que calculam determinadas funções matemáticas (normalmente não lineares). Tais unidades são dispostas em uma ou mais camadas e interligadas por um grande número de conexões, geralmente unidirecionais. Na maioria dos modelos estão associadas a pesos, os quais armazenam o conhecimento representado no modelo e servem para ponderar a entrada recebida por cada neurônio da rede e o funcionamento destas redes é inspirado em uma estrutura física concebida pela natureza: o cérebro humano (LUDEMIR, at. al.,2000).

3.2. O Neurônio Biológico

A célula nervosa ou neurônio biológico é composta por uma fina membrana e tem como função biológica normal processar informações. A partir do corpo celular ou soma, o centro dos processos metabólicos da célula nervosa projeta-se extensões filamentares, os dentritos e o axônio (KOVACZ,2002). Os dentritos cobrem o volume muitas vezes maior do que o próprio corpo celular e formam uma árvore dentrital. A outra, a projeção filamentar do corpo celular, o axônio, também chamado de fibra nervosa, serve para conectar a célula nervosa com outras do sistema nervoso, conforme figura 3.1.

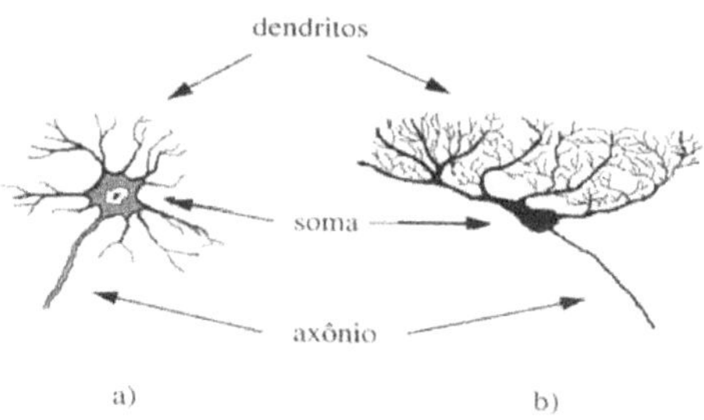

Figura 3.1 Neurônios do sistema nervoso central dos vertebrados: a) neurônio motor da medula espinhal; b) célula de Purkinje (apresenta dendritos extensamente ramificados) encontrada no cerebelo . Fonte: KOVACZ,2002.

O neurônio recebe sinais (impulsos) de outros neurônios através de seus dentritos (receptores) e transmite os sinais gerados pelo corpo celular através do axônio (transmissor). Os dendritos e o axônio possuem ramificações em cujos terminais são realizadas as sinapses. As sinapses são unidades estruturais e funcionais elementares que promovem as interações entre os neurônios. Assim, nas descrições tradicionais da organização neural, uma sinapse é assumida pela conexão simples a qual pode impor ao neurônio receptivo o processo de excitação ou inibição e a partir dela a efetividade da sinapse pode ser ajustada pelo sinal que passa através dela estabelecendo o processo de aprendizagem através da atividade a qual ela participa (KOVACZ,2002).

3.3. O Neurônio Artificial

O neurônio artificial pode ser considerado uma unidade de processamento de informação e possui fundamental importância para a operação de uma rede neural. O diagrama de blocos exposto pelo Haykin (2001) na figura 3.2, apresenta a base do projeto das redes neurais artificiais, a qual se constitui em três elementos básicos do modelo neuronal:

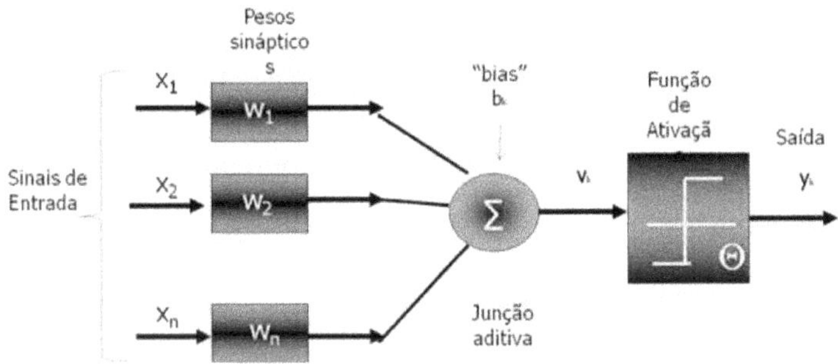

Figura 3.2 Modelo não-linear de um neurônio artificial Fonte: HAYKIN,2001.

1. Um conjunto de sinapses ou elos de conexão, cada uma caracterizada por um peso ou força própria. Especificamente, um sinal x_j na entrada da sinapse j conectado ao neurônio k é multiplicado pelo peso sináptico $w_{k,j}$. O primeiro índice se refere ao neurônio em questão e o

segundo se refere ao terminal de entrada da sinapse a qual o peso se refere (HAYKIN,2001).

2. Um somador para somar os sinais de entrada, ponderado pelas respectivas sinapses do neurônio (HAYKIN,2001).

3. Uma função de ativação (ver figura 3.3) para restringir a amplitude da saída de um neurônio (HAYKIN,2001).

A função de ativação (limita) o intervalo permissível de amplitude do sinal de saída a um valor finito. Geralmente, o valor normalizado da amplitude da saída de um neurônio pode ser escrito como o intervalo unitário fechado [0,1] ou alternativamente [-1,1] (HAYKIN,2001).

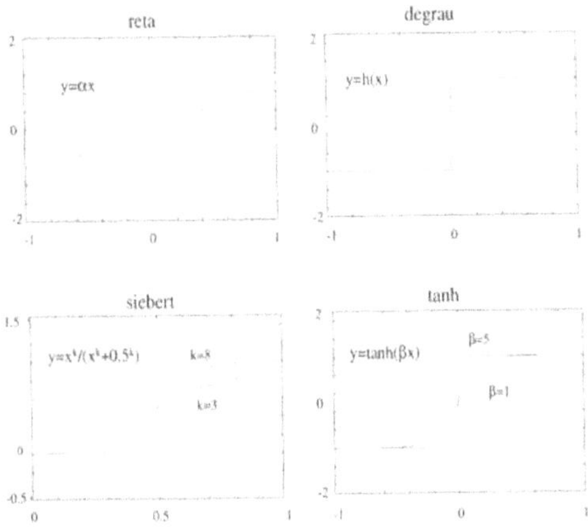

Figura 3.3 Gráficos das Funções de Ativação empregadas na modelagem de neurônios . Fonte: (HAYKIN,2001).

As topologias mais comuns das RNAs são as de múltiplas camadas (figura 3.4) e as recorrentes, onde os neurônios recebem diretamente as entradas da rede (camada de entrada) e posteriormente são definidas as demais camadas (intermediárias) até a camada final (saída) e as camadas internas são chamadas de camadas ocultas (HAYKIN,2001).

Uma rede neural multicamadas de K camadas, terá como entrada um vetor x de dimensão j_0 de componentes $x\ j_0$, onde j_0 =1,2,3..., j_0 . Estas se conecta nas entradas dos j_1 neurônios numa primeira camada. As saídas $u_1\ j_1$, j_1 = 1,2,3.., j_1 , destes, formando as componentes de um novo vetor u_1 de dimensão j_1 , conectando-se as entradas J_2 neurônios da camada seguinte e assim sucessivamente até a última camada que consistirá de J_k neurônios, fornecendo como saída da rede um vetor $y = u_k$ de dimensão k . Assim, $u_k\ j_k$ denota a saída do *j-ésimo* neurônio na *k-ésima* camada, sendo que para $k = 0$ representa a J_k - ésima entrada da rede, e para $k = K$ a j_k -ésima saída da rede (HAYKIN,2001).

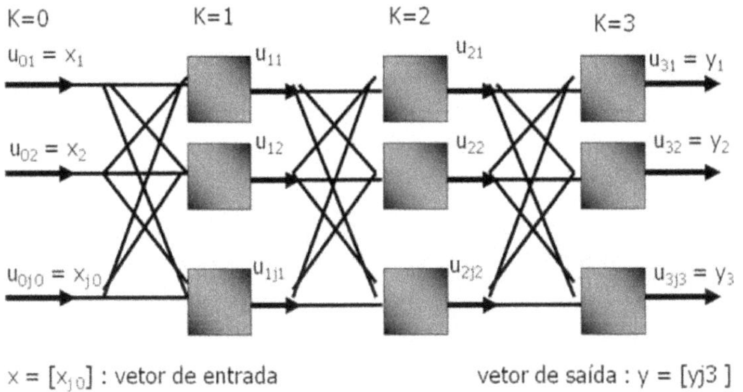

Figura 3.4 RNA de multicamadas . Fonte: KOVACZ,2002.

As características mais importantes das RNAs em relação ao cérebro humano está relacionado a capacidade de aprender e que são responsáveis pela modificação dos pesos sinápticos, em função dos exemplos de entrada que lhe são apresentados. As regras de aprendizados podem ser divididas em:

a) **Aprendizado supervisionado:** o aprendizado da rede é feito com o conhecimento prévio do resultado desejado, ou seja, são fornecidos para a rede, o conjunto de exemplo de entrada e as respectivas respostas (HAYKIN,2001).

b) **Aprendizado não supervisionado:** a rede aprende com os próprios dados de entrada (somente os exemplos de entrada são mostrados à rede), ou seja, não requer conhecimento das saídas (HAYKIN,2001).

A combinação das características expostas no parágrafo anterior, junto a capacidade de aprender a partir das experiências realizadas durante o processo de treinamento, o perceptron de múltiplas camadas derivam seu poder computacional(HAYKIN,2001).

A teoria das redes neurais artificiais vem se consolidando mundialmente, como uma nova eficiente ferramenta para se lidar com a ampla classe dos problemas complexos, onde extensas massas de dados devem ser modeladas e analisadas em um contexto multidisciplinar, envolvendo, simultaneamente, tanto os aspectos estatísticos e computacionais como os dinâmicos e de otimização (KOVACZ,2002).

3.4. Variações de RNAs

Segundo Jain (1996), as redes neurais artificiais podem ser agrupadas em duas categorias:

1. Redes alimentadas adiante (*feed-forward*), nas quais os grafos não possuem *loops* e os sinais se propagam em um único sentido, isto é, da camada de entrada para camada de saída (JAIN,1996);

2. Redes recorrentes (*feedback*), nas quais os loops ocorrem por causa das conexões de retroalimentação (JAIN,1996).

A figura 3.5, apresenta modelos de arquitetura das RNA' s, conforme a seguir:

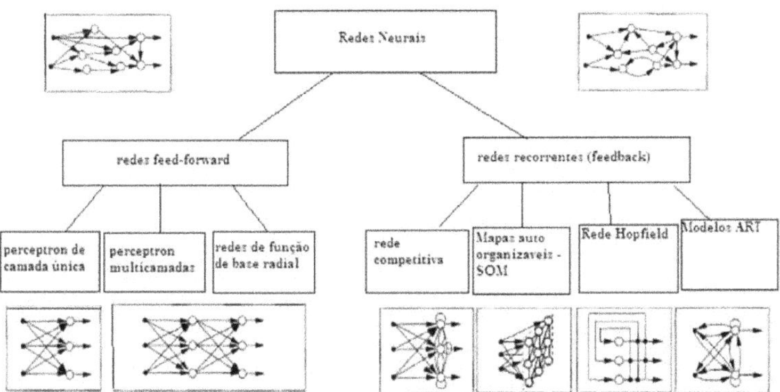

Figura 3.5 Modelo de Arquiteturas de RNAs. Fonte: JAIN,1996.

- **Perceptron de camada única:** forma mais simples de uma rede neural, consiste de um único neurônio com pesos sinápticos ajustáveis e "*bias* " (JAIN,1996).

- **Perceptrons multicamadas:** a mais popular classe de RNAs proveniente de múltiplas camadas, considerada uma generalização do perceptron de camada única, também conhecidas com redes *MultiLayer Perceptrons (MLP)*, tornaram-se populares devido ao surgimento do algoritmo de aprendizagem conhecido como algoritmo *backpropagation,* o qual tem como objetivo a busca de um mínimo global através de ajustes nos pesos sinápticos por um valor que é proporcional ao sentido contrário da derivada (o gradiente) do erro fornecido pelo neurônio em relação ao valor do peso (JAIN,1996).

- **Redes RBF (Radial Basis Function):** constitui-se de uma rede neural onde as unidades ocultas fornecem um conjunto de "funções" que forma uma "base" arbitrária de padrões (vetores) de entrada, quando eles são expandidos sobre o espaço oculto. Geralmente, sua forma mais básica, envolve três camadas: a camada de entrada que é constituída por nós fonte (unidades sensoriais) que conectam a rede ao seu ambiente; a segunda camada oculta a rede, a qual aplica uma transformação não-linear do espaço de entrada para o espaço oculto; na maioria das aplicações, o espaço oculto é de alta, dimensionalidade; a camada de saída é linear, fornecendo a resposta da rede ao padrão (sinal) de ativação aplicado à camada de entrada (HAYKIN,2001).

- **Mapas auto-organizáveis:** classe especial de redes neurais baseada em grades, a qual se constitui da aprendizagem competitiva, onde os neurônios de saída da grade competem entre si buscando a maior saída. Assim, os neurônios vencedores são colocados em nós de uma grade que normalmente pode ser uni ou bidirecional, bastante utilizada em mineração de dados (JAIN,1996).

- **Redes de Hopfield:** consiste de um conjunto de neurônios e um conjunto correspondente de atrasos unitários, formando um sistema de realimentação de múltiplos laços, onde o número de laços de realimentação é igual ao número de neurônios (JAIN,1996).

Modelos "*Adaptive Resonance Theory* "(*ART*): tipo de rede neural desenvolvida para solucionar o dilema da estabilidade e plasticidade, características mais importantes das RNAs voltada a sua habilidade de generalização, ou seja, produzir respostas para padrões de entrada que são similares, mas não idênticos, aos padrões apresentados à rede durante o seu treinamento (JAIN,1996).

A arquitetura básica da ART envolve duas camadas de nodos; uma camada de entrada que processa os dados de entrada e uma camada de saída que agrupa os padrões de treinamento *clusters*. Estas camadas estão conectadas por meio de dois conjuntos de conexões que conectam cada nodo de uma camada a todos os nodos da outra. O primeiro conjunto é representado pelas conexões *feedforward* que assume valores reais e segue da camada de entrada para a camada de saída; o segundo conjunto que contém as conexões *feedback*, assume os valores binários e conecta os nodos da camada de saída aos nodos de entrada (JAIN,1996).

3.5. Redes SOM

As redes SOM (*Self - organizing Maps*), foram desenvolvidas por Teuvo Kohonen (1997) na década de 80 e pertencem à classe de algoritmos de codificação vetorial (KOHONEN,1997), (CHOW, 2007). Estas redes produzem um mapeamento topológico que localiza otimamente um número fixo de vetores em um espaço de dimensionalidade mais elevada e desse modo facilita a compressão de dados. Possuem também uma forte inspiração neurofisiológica baseado no mapa topológico presente no córtex cerebral exposto na figura 3.6.

O cérebro dos animais mais sofisticados possui áreas que são responsáveis por funções específicas, por exemplo: áreas responsáveis pela fala, visão, controle motor etc. Cada uma dessas áreas, possui subáreas que mapeiam internamente respostas do órgão sensorial representado por ela. Como forma representativa, podemos citar: córtex auditivo: o mapeamento reflete as diferenças frequências sonoras; córtex visual: o mapeamento é definido pelas características visuais primitivas, como intensidade de luz, orientação e curvatura de linhas (LUDEMIR at. al.,2000), (HAM,2001), (HAYKIN,2001), e (KOVACZ,2002).

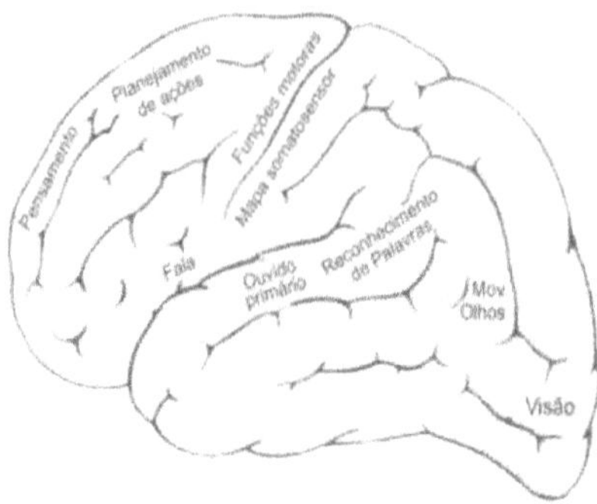

Figura 3.6 Mapa citoarquitectural do córtex cerebral simplificado. Fonte: KOVACZ,2002.

A ideia de auto-organização, são motivadas por considerações neurobiológicas para derivar o modelo, que é uma abordagem tradicional. Alternativamente, podemos usar uma abordagem de quantização vetorial que usa um modelo envolvendo um codificador e um decodificador, que é motivada por considerações da teoria de comunicações (HAYKIN,2001). O principal objetivo da rede neural SOM é transformar um padrão de sinal incidente de dimensão arbitrária em um mapa discreto uni ou bidimensional e realizar esta transformação adaptativamente de uma maneira topologicamente ordenada (HAYKIN,2001).

A figura 3.7, mostra as principais características da arquitetura convencional da rede SOM a partir de uma grade bidimensional de neurônios integrada com um conjunto de vetores de entrada. Assim, quando um padrão de entrada é apresentado à rede, a mesma procura a unidade mais parecida com e durante o seu processo de treinamento, a rede aumenta a semelhança do nodo escolhido e de seus vizinhos ao padrão, construindo um mapa topológico onde os nodos que estão topologicamente próximo respondem de forma semelhante aos padrões de entrada (HAYKIN,2001).

A rede SOM utiliza um algoritmo de aprendizado competitivo, em que os nodos da camada de saída competem entre si para se tornarem ativos, ou seja, para ver quem gera a maior saída. Para cada padrão de entrada, apenas um nodo de saída ou nodo por grupo se torna ativo, esta competição é chamada "o vencedor leva tudo" (LUDEMIR at. at.,2000) e (KOVACZ,2002). Uma maneira de implementar esta competição é a utilização de conexões laterais inibitórias entre nodos de saída. A função de chapéu de mexicano representa bem este processo de acordo com o que segue:

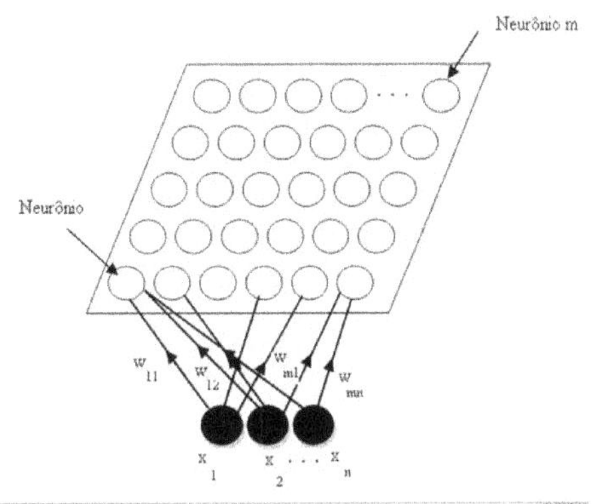

Figura 3.7 Arquitetura do mapa auto-organizáveis Fonte: HAYKIN,2001.

As conexões laterais da rede podem ser representadas a partir da função de chapéu de mexicano, onde os neurônios que estão espacialmente ordenados dentro das áreas de raio (R_1,R_2 e R_3) tendem a responder a padrões de estímulos semelhantes a partir do resultado obtido através da competição.

Assim, quando um nodo vence uma competição e produz a maior saída para uma dada entrada, não apenas ele mas também os nodos localizados na sua vizinhança topológica tem seus pesos ajustados. Essa ordenação topológica é resultado do uso do *feedback* lateral entre as células do córtex cerebral. Na função de chapéu de mexicano cada neurônio influencia no estado de ativação de seus neurônios vizinhos de três formas possíveis: excitatória (se os vizinhos de neurônios estão próximos ao neurônio vencedor e dentro de uma área de raio R_1);inibitória (se os vizinhos estão fora da área anterior R_1, mas dentro de uma segunda área R_2, onde ($R_2 > R_1$); levemente excitatória (se os vizinhos estão fora das áreas anteriores mas dentro de uma terceira área $R3$, mas fora das áreas de raios R_1 e R_2 , onde ($R_3 > R_2 > R_1$) (LUDEMIR at. All,2000).

Desta forma, quando um nodo vence uma competição produzindo a maior saída para uma dada entrada, não apenas ele mas também os nodos localizados na sua vizinhança têm seus pesos ajustados. Com isso, os mapas de Kohonen consegue um resultado semelhante aquele obtido com a utilização da função chapéu de mexicano, proporcionando menor custo computacional (LUDEMIR at. All,2000).

As entradas da rede exposta na figura 3.7 podem ser representadas na forma de vetor, onde:

$$X = [x_1, x_2, x_3, ...,x_n]^T$$

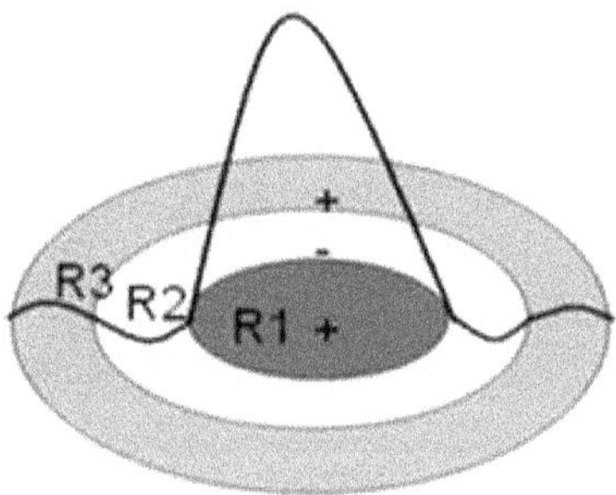

Figura 3.8 Tipos de estímulos produzidos de acordo com a função chapéu de mexicano. Fonte: LUDEMIR at. All,2000.

Os vetores de pesos dos neurônios, podem ser representados pelo plano bidimensional (2-D).

$$w_i = [w_{i1}, w_{i2}, w_{i3}, ..., wi_n]^T, i = 1,2,3, ..., m$$

Fonte: LUDEMIR at. All,2000.

(3.2)

Onde l é o total de neurônios na saída no plano bidimensional (2-D), a melhor saída do vetor de entrada com os vetores de pesos w_i e pode ser determinado por:

$$i(x) = argmin_j \; \| x - w_j \|, j = 1,2, ..., l.$$

Fonte: LUDEMIR at. All,2000.

(3.3)

Assim, $i(x)$ pode ser representado pelo índice para o neurônio de saída (neurônio vencedor) conhecido como neurônio BMU (*Best Matching Unit*) e $\|\bullet\|$ é a norma Euclidiana. Portanto, pode-se usar a equação 3.3, para mapear um espaço contínuo de entrada sobre um arranjo discreto de neurônios. A resposta provém da atualização do vetor de pesos associado ao neurônio vencedor segundo a sua vizinhança topológica. O neurônio BMU é adaptado, seu vetor de pesos sinápticos é alterado no sentido de se aproximar ainda mais do dado apresentado, aumentando a probabilidade de que este mesmo neurônio volte a vencer numa subsequente apresentação do mesmo dado (Fonte: LUDEMIR at. All,2000).

3.5.1 Principais processos do algoritmo de Kohonen

No mapa auto-organizáveis de Kohonen, os neurônios são dispostos em um arranjo discreto finito, geralmente unidimensional ou bidimensional e totalmente conectados com a entrada, possibilitando mapear um conjunto de dados. O algoritmo responsável pela formação do mapa auto-organizável começa primeiramente inicializando os pesos sinápticos na rede. Isto pode ser feito atribuindo-lhes valores pequenos tomados a partir de um gerador de números aleatórios; fazendo desta forma, nenhuma organização prévia a qual é imposta ao mapa características (HAM,2001) e (KOVACZ,2002). De acordo com Haykin (2001), Ham (2001), Kohonen (1997) e Zuchini (2003),a formação de um mapa auto-organizáveis pode ser dividida em três principais processos:

-Competição. Para cada padrão de entrada, os neurônios da grade calculam seus valores em relação a ele e competem entre si pelo direito de representá-lo. O neurônio que melhor representa *os dados é aquele que utiliza alguma métrica preestabelecida, o qual é considerado o vencedor* (KOHONEN,1997).

- Cooperação. O neurônio vencedor determina a localização espacial de uma vizinhança topológica de neurônios excitados, fornecendo acima base para a cooperação entre os neurônios vizinhos(KOHONEN,1997).

- Adaptação Sináptica. Este último processo permite que os neurônios excitados (incluindo os vencedores) aumentem seus valores individuais em relação ao padrão de entrada através de ajustes adequados aplicados a seus pesos sinápticos. Os ajustes são feitos de tal forma que a resposta do neurônio vencedor à aplicação subsequente de um padrão de entrada similar é melhorada (KOHONEN,1997).

3.5.2. O Processo Competitivo

Dado um conjunto de entradas X (vide equação 3.1), onde n representa a dimensão do espaço de entrada. O vetor de pesos sinápticos de cada neurônio tem a mesma dimensão do espaço de entrada. O conjunto de vetores de pesos sinápticos é denotado por (vide equação 3.2), onde l é o número total de neurônios no arranjo (KOHONEN,1997).

3.5.3. Maximização do Produto Interno

O critério do melhor casamento (*best matching*), baseia-se na maximização do produto interno como na aprendizagem competitiva, ao determinarmos a localização onde a vizinhança topológica dos neurônios excitados devem ser centrada. Assim, quanto mais semelhante a entrada for do vetor de pesos de um nodo, maior o valor de sua saída. Segundo Kohonen(1997) e Haykin (2001), isto é matematicamente equivalente a minimizar a entre o vetor de peso w e o vetor de entrada utilizando alguma métrica específica, onde o neurônio vencedor i (x) é escolhido pela equação 3.3. A métrica utilizada para os testes apresentados é a distância euclidiana, por ser um procedimento comum quando nenhuma outra informação prévia existe acerca dos dados de entrada. A norma euclidiana tem a propriedade de ser invariante as rotações aplicadas aos dados de entrada, o que pode ser útil no caso de reconhecimento de padrões que sofrem algum tipo de transformação linear. Desta forma, o neurônio vencedor é aquele que possui a menor distância com o dado x (aquele que melhor representa os dados de entrada), assim, o neurônio denotado por i (x) pode ser determinado pela equação 3.3.

3.5.4. O Processo Cooperativo

O melhor casamento pode ser baseado na maximização do produto interno de w^T_j x. Isto é equivalente a minimizar a distância euclidiana entre os vetores x e w *(HAM,2001)*, (HAYKIN,2001) , (KOVACZ,2002). Devido ao motivo que o neurônio vencedor é aquele que possui a menor distância como o dado x, este é o que melhor representa os dados.

O neurônio vencedor viabiliza o requisito de que os neurônios próximos a ele também tenham seus vetores de pesos sinápticos ajustados na direção dos dados e que, deverão excitar os neurônios pertencentes a sua vizinhança (definindo graus de vizinhança e excitação diferentes, de acordo com alguma função preestabelecida). Em particular, um neurônio que está disparando tende a excitar mais fortemente os neurônios na sua vizinhança imediata entre aqueles distantes de acordo com a especificação da função de chapéu de mexicano (figura 3.8), o que é intuitivamente razoável. Esta observação nos leva a fazer com que a vizinhança topológica em torno do neurônio vencedor decaia suavemente com a distância lateral (HAM,2001), (HAYKIN,2001), (KOVACZ,2002), (ZUCHINI,2003).

3.5.5. Função de Vizinhança

Seja $h_{j,i}$ a função de vizinhança topológica definida para o SOM, centrada no neurônio vencedor i e um conjunto de neurônios excitados por ele. Onde $d_{j,i}$ é a distância lateral entre o neurônio vencedor i o neurônio excitado j . Então a função de vizinhança h_{ji} é uma função da distância unimodal de d_{ji}, desde satisfaça as seguintes condições:

A função de vizinhança é simétrica em relação ao seu ponto de máximo (definido por $d_{j,i}$ =0). Ou seja, o seu valor máximo está no neurônio vencedor i, para qual à distância de $d_{j,i}$ é zero. A amplitude da função de vizinhança $h_{j,i}$ decresce monotonicamente com o aumento da distância lateral $d_{j,i}$, decaindo a zero quando $d_{j,i} \rightarrow$ ¥, esta condição é necessária para a convergência. Uma escolha típica de função de vizinhança $h_{j,i}$, satisfaz esses dois requisitos é uma função gaussiana (HAM,2001), (HAYKIN,2001), (KOVACZ,2002).

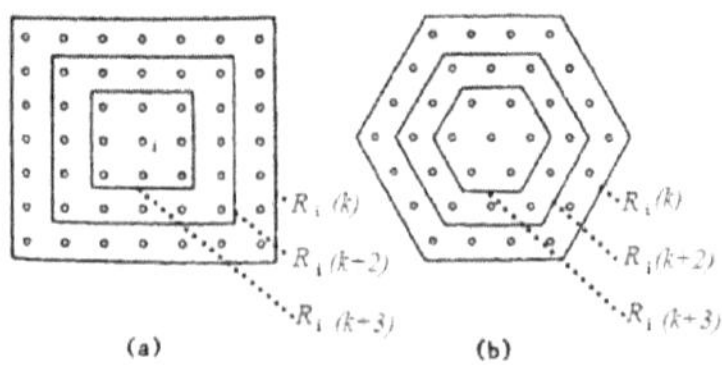

Figura 3.9 Exemplos de função de vizinhança de acordo com o critério de monoticidade: a) base quadrada e b) base triangular. Fonte: KOHONEN,1997.

Na figura 3.9, o neurônio vencedor poderá disparar estímulos capazes de excitar ou inibir os neurônios vizinhos em função do raio de vizinhança topológica $R_i = R_i\,(k), R_i = R_i\,(k+2)$ e $R_i\,(k+3)$. Desta forma, quando ocorre o processo de decrescimento monotônico na função $h_{j,i} = hj_{,i}\,(t)$, faz-se necessário especificar os parâmetros da taxa de aprendizagem a partir de uma constante a(t), onde $h_{j,i}\,(t\,) =$ a(t), obedece às seguintes regras: se $j \in R_i\,(k)$ e $h_{j,i}\,(t\,) = 0$, se $j\,/\!\in Ri\,(k)$ quando (0 <a(t) < 1). De acordo com Kohonen (1997), a(t) e $R_i\,(k)$ decresce monotonicamente em função do tempo durante o processo de ordenação.

A função gaussiana (figura 3.10) é invariante a translação independente da localização do neurônio vencedor (HAYKIN,2001). A equação 3.4, mede o grau com que os neurônios excitados na vizinhança do neurônio vencedor participam do processo de aprendizagem e aborda em um sentido qualitativo.

$$h_{j,i} = exp\left(\frac{d_{j,i}^{\,2}}{2\sigma^2}\right)$$

Fonte: HAYKIN,2001.

(3.4)

A vizinhança topológica gaussiana é mais biologicamente apropriada que a vizinhança retangular, permite que o algoritmo SOM convirja mais rapidamente do que uma vizinhança retangular (HAYKIN,2001) e (KOHONEN,1997). Para que a cooperação entre os neurônios vizinhos se mantenha, é necessário que a vizinhança topológica $hj_{,i}$ seja dependente da distância lateral $d_{j,i}$ entre o neurônio vencedor i e o neurônio excitado j, no espaço de saída, em vez de ser dependente de alguma medida de distância no espaço de entrada original. Assim, a distância entre os neurônios i e j que está na dimensão do arranjo é definida por :

$$d_{j,i} = \|r_j - r_i\|$$

Fonte: HAYKIN,2001.

(3.5)

Onde r_j é um vetor discreto que define a posição no arranjo do neurônio excitado e r_i define a posição do neurônio vencedor. Ambos os vetores estão contidos no espaço discreto de saída.

Outra característica do algoritmo SOM está relacionado na escolha da largura da vizinhança ao longo do treinamento, com o objetivo de alcançar a convergência do mapa. Esse requisito é satisfeito fazendo o tamanho de *s* diminuir com o tempo. Uma função bastante utilizada para *s* variar de acordo com o tempo discreto *n* é a função de decaimento exponencial (HAM,2001) e (HAYKIN,2001).

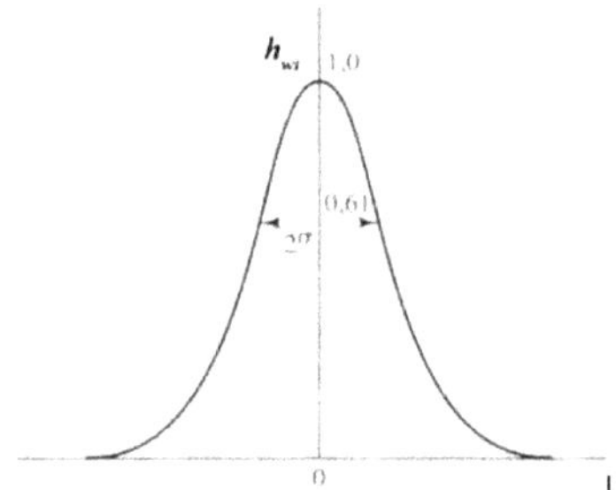

Figura 3.10 Função de vizinhança gaussiana. Fonte: HAYKIN,2001,

O tamanho da vizinhança estabelecida pelo algoritmo do SOM poderá diminuir com o tempo. Na medida em que esta exigência é satisfeita faz com que a largura s da função de vizinhança topológica $h_{j,i}$, diminua. Uma escolha popular para a dependência de *s* com o tempo discreto *n* é o decaimento exponencial, representada por:

$$\sigma(n) = \sigma_0 exp\left(\frac{-n}{\tau_1}\right), n = 0, 1, 2, ..., l$$

Fonte: HAYKIN,2001.

(3.6)

Onde: s_0 é o valor de s na inicialização do algoritmo SOM, e t_1 é uma constante de tempo. Consequentemente, a vizinhança topológica assume uma forma variável no tempo, como mostrado por:

$$h_{j,i(x)}(n) = exp - \left(\frac{d_{j,i}^{2}}{2\sigma^2(n)}\right), n = 0, 1, 2 \ldots$$

Fonte: HAYKIN,2001.

(3.7)

Onde s (n) é definido pela equação (3.12). Assim, quando o tempo n (número de iterações) aumenta, a largura s (n) decresce a uma taxa exponencial e a vizinhança topológica diminui de uma maneira correspondente (HAYKIN,2001) e (KOVACZ,2002).

3.5.6. O Processo Adaptativo

No processo cooperativo, cada vez que um novo padrão de treinamento é apresentado à rede, os nodos competem entre si para ver quem gera a maior saída. Definido o nodo vencedor inicia-se o processo de atualização dos pesos conhecido, como processo adaptativo. Apenas o nodo vencedor e seus vizinhos dentro de um certo raio ou área de vizinhança atualizam seus pesos (HAYKIN,2001).

Durante o treinamento, a taxa de aprendizado e o raio de vizinhança são continuamente decrementados. Assim, no processo adaptativo, os neurônios excitados têm seus vetores de pesos modificados em direção ao vetor de entrada x. Para tanto, é necessário a existência de alguma regra para que se garanta a convergência do mapa de forma auto-organizada. Segundo Haykin (2001), Kohonen (1997), Neto (NAGATA,2006) e Zuchini (2003), o novo valor do vetor de pesos sinápticos do j -ésimo neurônio no instante de tempo (k+1) pode ser definido pela equação (3.8).

$$w_j(k+1) = w_j(k)+h(k)h_{j,i}(x)\ x-w_j(k), j = 1,2, .., l.$$

Fonte: HAYKIN,2001.

(3.8)

Onde h(k) define a taxa de aprendizado, $h_{j,i}$ (x) define o grau de adaptação do neurônio em relação ao vencedor. O parâmetro de aprendizado h(k), a fim de que haja a convergência do SOM, deve variar gradualmente com o tempo (HAYKIN,2001). Normalmente, h(k)→0 quando k→¥ (ZUCHINI,2003). Esta exigência pode ser satisfeita escolhendo-se um decaimento exponencial para h(k) , como mostrado na equação (3.9). Onde t_l é uma outra constante de tempo do algoritmo SOM.

$$\eta(n) = \eta_0 exp - \left(\frac{n}{\tau_1}\right), n = 0, 1, 2, ...l$$

Fonte: HAYKIN,2001.

(3.9)

3.5.7 Normalização dos Dados

As variáveis de entrada utilizadas na rede SOM possuem intervalos de variação diferentes. Segundo Kohonen (1997) e Zuchini (2003), quando pouco ou nada se sabe sobre a importância de cada um dos atributos na expressão da informação contida em uma base de dados, devem se buscar mecanismos para evitar que um atributo domine o processo de agrupamento. A contribuição de outros que possam ser mais importantes e também que atributos de grande relevância tenham seu papel minimizado. Portanto, todas as variáveis devem ser normalizadas na utilização da rede neural SOM, para assegurar que elas recebam igual atenção durante o processo de treinamento. Além disso, as variáveis têm que ser normalizadas de tal maneira que seus valores sejam proporcionais aos limites das funções de ativação usadas na camada de saída. A normalização dos dados é também importante para a eficiência do algoritmo de treinamento (VESANTO,1999).

3.5.8. O valor dos pesos no Melhoramento da Rede

Os pesos iniciais de uma rede do tipo SOM são definidos aleatoriamente, muitos nodos podem apresentar vetores de pesos muito diferentes dos padrões de entrada e poderá não haver o número necessário de nodos utilizáveis (que possam vencer as competições) para definir os *clusters* adequadamente (LUDEMIR at. al., 2000), (HAM,2001), (HAYKIN,2001) e (KOVACZ,2002). Em resultado, a rede pode ou não convergir ou até mesmo apresentar ciclos muitos lentos. Diversas alternativas foram propostas na literatura para resolver ou minimizar este problema, tais como: utilização de vetores de pesos iniciais iguais, utilização de um limiar para cada nó e modificação dinâmica de raio de vizinhança. De acordo com Ludemir(2000), a primeira alternativa seria inicializar todos os pesos com o mesmo valor para garantir a atualização do maior número possível de nodos e os padrões de treinamento seriam, no início, tornados semelhantes entre si. A semelhança seria gradativamente reduzida nos primeiros ciclos de treinamento por meio da adição de ruídos aos vetores de entrada e a segunda opção propõe a utilização de um limiar para cada nó. Este limiar seria a consciência do nodo, por isso esta técnica também é chamada de consciência. Os nodos que fossem regularmente selecionados nas competições teriam seu limiar aumentado. Assim, este mecanismo reduz a chance de este nodo ser selecionado novamente, permitindo a utilização de outros nodos. Em Kohonen (1997), a redução da vizinhança dos nodos vencedores durante o treinamento em torno do vencedor, faz com que os pesos sejam ajustados, ou seja, define a área de influência do nó vencedor. Quando a solução de reduzir a vizinhança é empregada, utiliza-se inicialmente uma vizinhança grande. Durante o treinamento, a região de vizinhança é progressivamente reduzida até um limite pré-definido, geralmente, a taxa de redução é uma função linear do número de ciclos (KOHONEN,1997).

3.5.9 Resumo do Algoritmo

O algoritmo de treinamento para redes SOM poderá ser resumido pelo pseudocódigo a seguir:

1. Inicialize a rede SOM com os vetores de peso $(*)w_i$, e os parâmetros da rede definindo : taxa de aprendizagem, função de vizinhança; inicialize os parâmetros, definido por $k = 0$.
2. Verificar a condição $**$). Se for falso, continue; Se for verdadeiro, saia.
3. Para cada padrão de treinamento do vetor x faça os passos 4 e 7.
4. Computar o melhor casamento com o vetor de pesos em relação ao vetor de entrada $i\,(x) = argmin_j \; \| x - w_j \|, j = 1,2, ..., l$.

5.Para todas as unidades especificadas pela vizinhança $i \in hj_{,i}\,(k)$(i corresponde ao neurônio vencedor), atualize os vetores de peso de acordo com:

$$w_j\,(k+1) = w_j\,(k) + \eta(k)\; hj_{,i}\,(k)\; x - w_j\,(k)$$

Fonte: HAYKIN,2001.

Onde : $0 < a(k) < 1$ (parâmetros da taxa de aprendizagem).

6. Ajuste a taxa de aprendizagem
7. Em seguida reduza a vizinhança topológica $h_{j,i}\,(k)$.
8. Ajustar $K \leftarrow K+1$ e siga para o passo 2.

(*) a inicialização dos pesos poderá ser feita de forma aleatória, ou a partir do conjunto de ponderações que representam o conhecimento sobre os dados de entrada, informações pertinentes a distribuição das classes em função da saída.

(**) a condição de parada pode ser declarada com base no número de iterações ou até que o mapa de características não mude.

3.5.10 Treinamento e Convergência

A convergência da rede SOM poderá ser classificada em duas etapas: a primeira no que se refere a fase de ordenação, a qual ocorre a ordenação topológica dos vetores de pesos w_i (com pesos iniciais aleatórios) e poderá durar em torno de 1000 ciclos ou iterações.

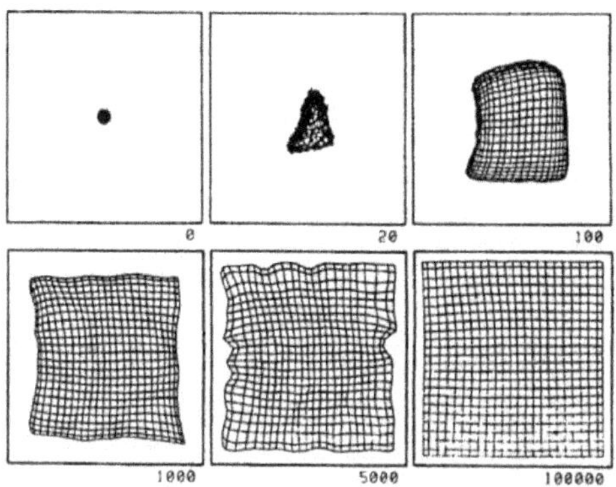

Figura 3.11 Ordenação topológica dos vetores de peso Fonte: KOHONEN,1997.

Na fase de treinamento, o algoritmo busca agrupar os nodos do mapa topológico em *clusters* ou agrupamentos de modo a refletir a distribuição dos padrões de entrada. Assim, a rede descobre quantos *clusters* deve identificar e suas posições relativas no mapa. O mapeamento realizado neste estágio é um mapeamento grosseiro dos padrões de entrada. E, geralmente e a taxa de aprendizado é inicialmente alta, próxima de 1 e posteriormente de forma gradual poderá ser reduzida até um valor próximo de 0,1. Nesta fase ocorrem grandes mudanças nos pesos e consequentemente a vizinhança é reduzida de modo generalizado envolvendo todos os nodos da rede de forma linear até atingir um raio de um ou dois vizinhos (KOHONEN,1997).

A segunda fase o algoritmo (convergência), faz um ajuste mais fino do mapa e requer de 100 a 1000 ciclos que na fase anterior, geralmente utiliza uma taxa de aprendizado baixa, de ordem de 0,01 ou menos e o raio da vizinhança envolve um ou nenhum vizinho. Esta fase sofistica o mapeamento realizado no estágio anterior, aprimorando o agrupamento realizado (KOHONEN,1997) e (HAYKIN,2001).

O treinamento da rede SOM é afetado pela taxa de aprendizado, pela taxa de redução da região de vizinhança e pelo formato da região de vizinhança (LUDEMIR at. al., 2000). Após a fase de treinamento a rede SOM agrupa os padrões de entrada em *clusters* ou agrupamentos.

Em algumas aplicações pode ser necessário rotular os nodos de saída para indicar os *clusters* que representam para uma melhor interpretação dos dados. Esta rotulação permitirá posteriormente a classificação de padrões desconhecidos. De acordo com Kohonen (1997), a rede neural SOM não foi criada para reconhecimento de padrões, mas para agrupamento, visualização e abstração. Ainda assim, as redes SOM podem ser utilizadas para o reconhecimento ou a classificação de padrões, desde que seja utilizada junto com um modelo de aprendizado supervisionado, podendo ser utilizada na saída, uma rede Adaline, *Multi Layer Perceptron (MLP)* ou outras técnicas que possibilitem a descoberta desses padrões no caso da lógica nebulosa como uma abordagem híbrida. Também pode ser visto na literatura uma implementação do algoritmo SOM com a técnica de quantização vetorial chamada *Learning Vector Quantization (LQV)*.

De acordo com Ludemir(2000) e Haykin (2001), uma vez que a rede SOM tenha sido treinada e rotulada, pode ser necessário ensinar novos padrões. Esta inclusão pode buscar a melhoria do desempenho da rede para certos *clusters*. Um algoritmo LVQ, permite a inclusão de novos padrões em uma rede SOM já treinada é considerada uma técnica de aprendizado supervisionado que utiliza informações sobre a classe para mover levemente os vetores de peso, de modo a melhorar a qualidade das regiões de decisão do classificador, procurando ajustar o mapa de características com objetivo de melhorar o desempenho da rede em circunstâncias modificáveis (HAYKIN,2001), (KOHONEN,1997).

3.5.11 Interpretação do Mapa produzido pelo SOM

A utilização de arranjos em 2 dimensões é o modelo mais difundido no processo de mineração de dados. Em Zuchini (2003), exibe a possibilidade de construção de uma, duas ou mais dimensões, conforme as necessidades e objetivos. Contudo, para que se consiga interpretar o conteúdo do mapa é necessária a utilização de algum método de visualização que auxilie tal tarefa.

Desta forma, muitos métodos são utilizados, entre eles, existe a visualização do mapa como uma grade elástica, onde os neurônios vizinhos estão posicionados mais longe ou mais perto de acordo com a distância de seus vetores de pesos sinápticos (HAYKIN,2001). Entre outros métodos, existe a Matriz-U (matriz composta pelas distâncias entre todos os neurônios vizinhos no arranjo) e o mapa contextual, ambos utilizam arranjos bidimensionais (HAYKIN,2001).

3.5.12 Matriz-U

A matriz de distâncias unificada (Matriz - U), proposta por Ultsch (1994) , considerando um arranjo retangular plano de tamanho *L x C*. O valor da matriz-U sobre os neurônios em si é normalmente obtido pela média aritmética das distâncias entre os vetores de pesos de toda a vizinhança do neurônio e seu próprio vetor de pesos, pode-se avaliar visualmente a existência de "vales" que sugerem onde os vetores de pesos dos neurônios são mais próximos de si, separados por “elevações”(onde os vetores de pesos dos neurônios encontram-se mais distantes). Um vale é associado com a ocorrência de um agrupamento e quanto mais alto uma elevação separando dois vales, tanto mais distintos são estes agrupamentos no espaço de dados (ZUQUINI,2003).

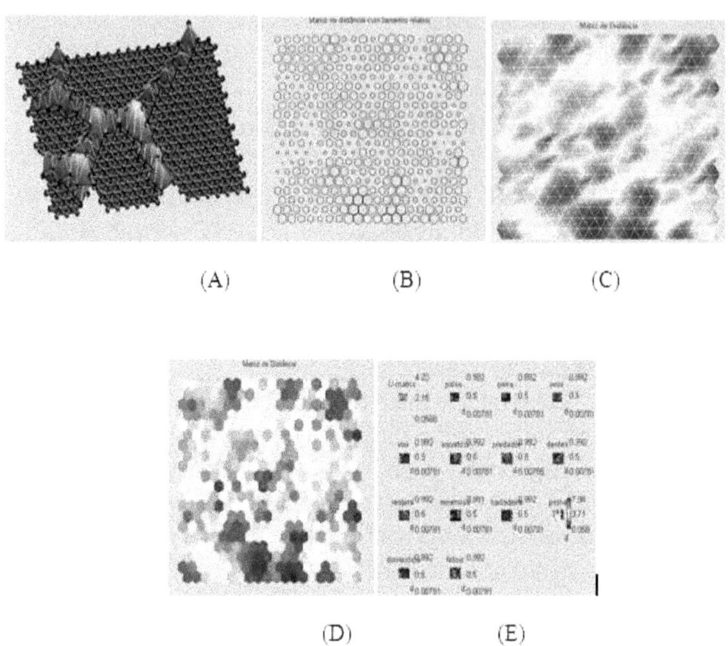

Figura 3.12 Exemplo de Matriz- U : (A) por quantidade de neurônios, (B) modelo por subdivisão de neurônios, (C) matriz de distância, (D) matriz com grade hexagonal e (E) matriz com variáveis no plano. Fonte: VESATO,2000.

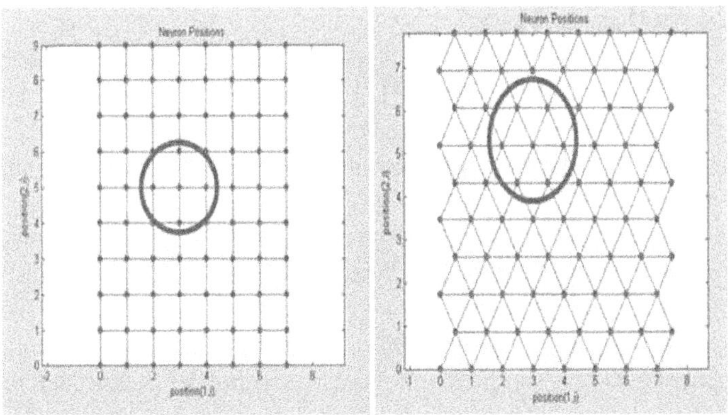

Figura 3.13 Exemplo de um mapa topológico com grades hexagonal e retangular. Fonte: DEMULT,1998.

3.5.13 Mapas Contextuais

A visualização dos mapas auto-organizáveis pode ser feita através de mapas contextuais, esses mapas consiste em um mapa onde cada neurônio é "rotulado" com o valor do padrão de teste que ele melhor representa (os padrões de teste são padrões pertencentes ao espaço de entrada, mas não necessariamente ao conjunto de treinamento, que servirão para alimentar o mapa contextual).

O rótulo é algum atributo de um elemento pertencente ao espaço de entrada que o distingue, mas não contém informações ou similaridades entre os demais elementos. O mapa contextual tem sua utilização em diversas aplicações e entre elas está relacionada a mineração de dados. O resultado do algoritmo para a formação de um mapa contextual é a geração de um mapa onde os neurônios são rotulados de tal forma que o arranjo seja particionado em regiões coerentes, onde cada grupo de neurônios representa um conjunto distinto de rótulos (HAYKIN,2001), (KOVACZ,2002).

3.5.14 Análise do Mapa

Autores como Kaski [48], Kohonen(1997) e Zuchini(2003), sugere como critério de configuração básica que vizinhança maior de atualização de pesos representadas pelas épocas (vizinhança regredindo até 1), proporciona um mapeamento mais grosseiro do mapa. Para uma projeção mais lenta e melhorar a qualidade do mapa, as épocas sejam fixadas com vizinhança fixa em 1, assim, as configurações de vizinhança para a projeção do mapa seja de 3→1. Em Kaski(1997) e Zuchini(2003), alertam para a ausência de fundamentação teórica para um bom mapeamento efetivo da rede SOM, principalmente no que ser refere a escolha dos parâmetros do algoritmo (dimensões, vizinhança, formato do arranjo, raio e tipo de função de vizinhança etc), os quais não possui critérios mensuráveis para a escolha desses parâmetros. Geralmente, as aplicações práticas abordando as redes SOM os dados sempre serão discretos e finitos, existindo assim uma função erro (energia) local que pode ser minimizada se for assumido uma função de vizinhança fixa (KASKI,1997). Em Kaski (1997) e Vesanto(2000), demonstra alguns métodos baseados no algoritmo *Multi-Dimensional Scaling*, projeção de Sammon e Análise de componentes Curvos, para visualizar os dados utilizando a rede SOM, a mais comum implementa a manipulação da base de dados com vetor de quantização aplicado a função de energia :

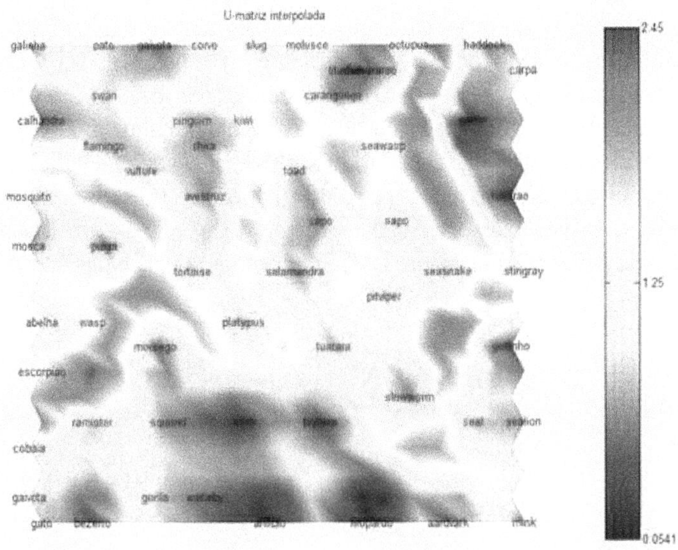

Figura 3.14 Mapa contextual com rotulação. Fonte: ZUQUINI,2003.

$$\sum\sum X_{ik}^2 h_{i,j}(Y_{ck})$$

Fonte: ZUCHINI,2003. (3.10)

A função de energia representada por $X_{i,j}$, denota a distância entre os vetores i e j, no espaço de entradas e Yi, j representa o espaço de saída. No caso do algoritmo SOM, $X_{i,k}$ denota a distância entre os vetores ß e o protótipo de k. A saída é representada pela distância de $Y_{i,k}$ que é medido através do seu BMU correspondente ao exemplo de dados c de todas as outras unidades do mapa e $h_{i,j}$ corresponde a vizinhança. Primeiro as distâncias são fixadas sobre o espaço de entradas representados por $X_{i,\,j}$, no caso da rede SOM, o algoritmo de treinamento move os vetores de protótipos para minimizar o erro de quantização. De acordo com Kaski (1997), a equação (3.11), decresce com o aumento do mapa e cresce quando aumenta o raio de função de vizinhança, dependendo especificamente da função $h_{i,j}$, o qual não deverá ser usado como a única forma de escolha. Esse critério poderá ser substituído por duas métricas computacionalmente simples e menos dependentes da função hi,j (KASKI,1997) e (ZUQUINI,2003). A primeira medida se dá ao o erro de quantização (QE), corresponde a media das distâncias entre cada vetor de dados x e o correspondente vetor de pesos j, do neurônio BMU representado pela equação:

$$QE = \frac{1}{N} \sum_{n} = 1^{N} \left\| x - w_j \right\|$$

Fonte: KOHONEN,1997.
(3.11)

A segunda medida refere-se ao erro topográfico (ET), o qual quantifica a capacidade do mapa em representar a topologia dos dados de entrada. Cada objeto são calculados seu BMU w_j e o segundo BMU w_z e o erro topográfico é dado por Kiviluoto Guerra (GUERRA at. al., 2008) e (KOHONEN,1997):

$$ET = \frac{1}{N} \sum_{n} =_{1}^{N} u(x)$$

Fonte: KOHONEN,1997.
(3.12)

Onde u (x) = 1 caso, w_j e w_z não seja adjacentes (KOHONEN,1997). Abordagens como Zuchini (2003), apontam a efetividade de se usar EQ e ET como fontes de medidas para analisar a resolução do mapa, ou seja, quando EQ diminui com o aumento de neurônios no arranjo (resolução aumenta). Se o arranjo possuir um número muito grande de neurônios (maior a quantidade de objetos a representar) poderá sofrer um processo de treinamento onde o raio de vizinhança torna-se menor ou igual a 1 durante muito tempo, pode ocorrer de os neurônios posicionarem-se praticamente sobre os objetos a serem representados, assim, quando $EQ \rightarrow 0$, o arranjo pode está tão retorcido que a capacidade de representar a topologia dos dados é perdida quando ET aumenta, o comportamento de TE dependerá dos números de neurônios disponíveis no arranjo: TE aumenta se há poucos neurônios e diminui se há muitos neurônios no arranjo.

Neste contexto, as medidas de EQ e ET deverão ser analisadas de acordo com o tipo de sinal, uma vez que, quando a base de dados possui valores muito próximos de zero, mesmo que exista um balanceamento do conjunto de neurônios da grade, quando $EQ \rightarrow 0$ e representar adequadamente o conjunto de dados. Autores como Kaski (1997), Guerra (2008), Zuchini(2003), utilizam bases de dados cujos sinais possuem valores superiores ou próximos a 1 fator significativo para o balanceamento de EQ.

3.6. Exercícios Propostos

3.6.1. Desenvolva um programa que execute uma Rede MLP.

3.6.2. Desenvolva um programa que realize a função de vizinhança de acordo com o critério de monoticidade usando uma base quadrada.

3.6.3. Desenvolva um programa execute o algoritmo do item 3.5.9.

3.7. Síntese e Conclusão

Devido ausência de fundamentação teórica e matemática do algoritmo SOM principalmente no que se referem as suas propriedades, não existem critérios mensuráveis para os valores dos parâmetros a fim de se obter mapas bem ajustados. Contudo quando o objetivo do SOM está voltado aos princípios de mineração de dados (KOVACZ,2002) e ZUCHINI(2003), propõe alguns parâmetros para realização dos testes, porém recomenda realizar diversos testes para verificar o comportamento da rede. Outras limitações foram encontradas no algoritmo de Kohonen no que se refere à rotulação dos dados e no custo computacional, ou seja, uma rotulação superior a 4(quatro) caracteres, poderá influenciar no processo de análise do mapa contextual quando a massa de dados é elevada. Tampouco, recomenda-se rotular os dados com o menor número de caracteres, isto possibilita a melhor visualização e análise dos dados evitando a utilização de neurônios excessivos, o qual poderá influenciar no processamento durante o treinamento. A interpretação do mapa de Kohonen na maioria dos casos é realizada pela matriz-U, considerada subjetiva e por sua vez de bastante difícil de sua interpretação quando a massa de dados é elevada.

CAPÍTULO 4 – Aplicações em Mineração de Dados

4.1.Conjunto de Dados Públicos - Análise de Sinais Biomédicos

O diabetes corresponde uma das mais comuns doenças não transmissíveis em todo mundo é considerada a quinta causa de morte nos países desenvolvidos (ALLGOT,2003). As complicações clínicas proveniente do diabetes poderão causar o aparecimento de doenças cardiovasculares, insuficiência renal, lesões graves, derrame cerebral, impotência, cegueira, úlcera nas pernas e até amputações de membros (JABLOCA,1980). Além disso, muitos usuários portadores de diabetes possuem uma redução da esperança de vida proporcionando enormes custos aos hospitais e pode ser considerado um dos maiores problemas de saúde pública mundial e um dos mais desafiadores problemas de saúde no século XXI (ALLGOT,2003) e (JABLOCA,1980).

Segundo Mazzaferri (1978), o diabetes *mellitus* é um distúrbio do metabolismo dos carboidratos. A perturbação central consiste em uma anormalidade na secreção ou efeito da insulina, ou de ambos. A deficiência de insulina pode ser relativa ou absoluta e que na grande maioria dos casos, o diabetes é genericamente determinado como distúrbios do pâncreas (órgão da cavidade abdominal que produz enzimas digestivos liberados para os intestinos e diferentes tipos de hormônios liberados diretamente para o sangue). A Associação Protetora dos Diabéticos de Portugal, define o diabetes *mellitus* como uma doença metabólica, crônica, caracterizada pelo aumento dos níveis de açúcar (glucose) no sangue, resultado de uma deficiente produção de insulina e/ou pela resistência à ação dessa insulina, o que conduz a uma deficiente capacidade de utilização pelo organismo da nossa principal fonte de energia, a glucose (DIABETES,2000).

Geralmente, quando diagnosticada poderá durar a vida toda, provocada pela falta ou resistência à ação de insulina (hormônio produzido pelas células betas do pâncreas) ou causada pelo aumento súbito de açúcar no sangue. De acordo com o Ministério da Saúde (SILVA,2006), o diabetes é uma doença metabólica caracterizada por hiperglicemia e associadas a complicações, disfunções e insuficiência de vários órgãos, especialmente olhos, rins, nervos, cérebro, coração e vasos sanguíneos. Pode resultar de defeitos de secreção e/ou ação da insulina envolvendo processos patogênicos específicos, por exemplo, destruição das células betas do pâncreas (produtoras de insulina), resistência à ação da insulina, distúrbios da secreção da insulina, entre outros (SILVA,2006).

Muitos estudos abordam indícios concretos da existência uma epidemia em muitos países em desenvolvimento e países industrializados. Calcula-se que, atualmente exista em média 194 milhões de pessoas em todo mundo com diabetes representando 5,1% da população adulta e que esse percentual aumentará para alcançar os 333 milhões de pessoas diabéticas, representando 6,3% de pessoas adultas para o ano de 2025, estima-se que em um grupo etário entre 40-59 anos existe o maior número de pessoas com diabetes e poderá aumentar até 2025 (ALLGOT,2003).

A Organização Mundial de Saúde (2004), demonstra números ainda maiores, estima-se que o número de pessoas com diabetes duplicará ao longo dos próximos 25 anos e que poderá chegar em 366 milhões de habitantes até 2030 (WHO,2004).

Na maioria dos casos, esse aumento poderá ocorrer em 150% dos países em desenvolvimento, devido ao fato de haver mais pessoas no mundo (população em crescimento) e que haverá mais idosos (envelhecimento da população). Além disso, as tendências de urbanização, fato que, muitas pessoas estão se deslocando das zonas rurais para as cidades, principalmente nos países em desenvolvimento. Essa situação, ainda influencia nas estatísticas, as quais poderão aumentar este índice, naquelas pessoas que poderão vir a ter diabetes (WHO,2004).

Segundo à Organização Mundial de Saúde(2004), pessoas que vivem em cidades de países em desenvolvimento tende a ser menos ativos fisicamente e apresentam níveis mais elevados de sobrepeso e obesidade do que as pessoas nas zonas rurais. As tendências atuais sugerem que essas projeções são conservadoras e que o aumento do diabetes pode ser ainda maior (WHO,2004).

Nos países em desenvolvimento, pessoas que se encontram na fase produtiva de suas vidas são particularmente afetadas pelo diabetes. Nesses países, 3/4 da população que tem menos de 65 anos têm diabetes e 25% dos adultos na faixa etária inferior a 44 anos possuem diabetes. Nos países desenvolvidos, mais da metade de toda população possui diabetes no grupo etário maior de 65 anos e apenas 8% dos adultos com diabetes tem menos de 44 anos (WHO,2004).

Países	Pessoas (milhões) 2003	Pessoas (milhões) 2025
1.Índia	35.5	73.5
2.China	23.8	46.1
3.EUA	16.0	23.1
4.Rússia	9.7	10.7
5.Japão	6.7	7.1
6.Alemanha	6.3	7.1
7.Paquistão	6.2	11.6
8.Brasil	5.7	10.7
9.Mexico	4.4	9.0
10.Egito	3.9	7.8

Tabela 4.1 Os 10 países com a maior taxa de população diabética na faixa etária de 20-79 anos e estimativa para 2025 (ALLGOT,2003).

4.2. Tipos de Diabetes

O diabetes pode ser classificada em dois tipos: a primeira considerada Tipo 1,geralmente ocorre na infância e atinge na maioria das vezes crianças ou jovens, considerada rara (cerca de 5- 10% do total de casos diagnosticados). Em casos raros, poderá aparecer em adultos e em idosos , o diabetes Tipo 2 é a mais comum e está relacionada com a resistência à ação da insulina e com a herança genética. Estes pacientes têm, frequentemente, casos de diabetes na família, hábitos de vida e de alimentação desequilibrada e poderão sofrer de diabetes quando adultos. Os pacientes com diabetes Tipo 2 têm quase sempre peso excessivo e muitas vezes são obesos, praticam pouco exercício físico ou fisicamente inativos e consomem calorias em excesso, em proporção ao que o organismo gasta na atividade física (DIABETES,2000), (ALLGOT,2003), (WHO,2004).

Estudos têm demostrado que muitas complicações clínicas podem surgir a partir do diabetes, as quais poderão ser prevenidas. Viver uma vida plena, incluindo uma dieta saudável, atividade física, prevenção de sobrepeso e obesidade, não fumar, são cuidados preventivos (WHO,2004).

Além disso, o controle da glicose não pode ser considerada a única forma de prevenção, mas também, o controle da pressão arterial, colesterol, triglicerídeos são fatores importantes para se ter uma vida saudável com ou sem diabetes (MCNEILL,1994). A supervisão e controle adequado dos sinais vitais de diabetes poderão inibir o aparecimento das complicações clínicas e o paciente diabético poderá ter uma vida praticamente normal (PANAROTTO,2005).

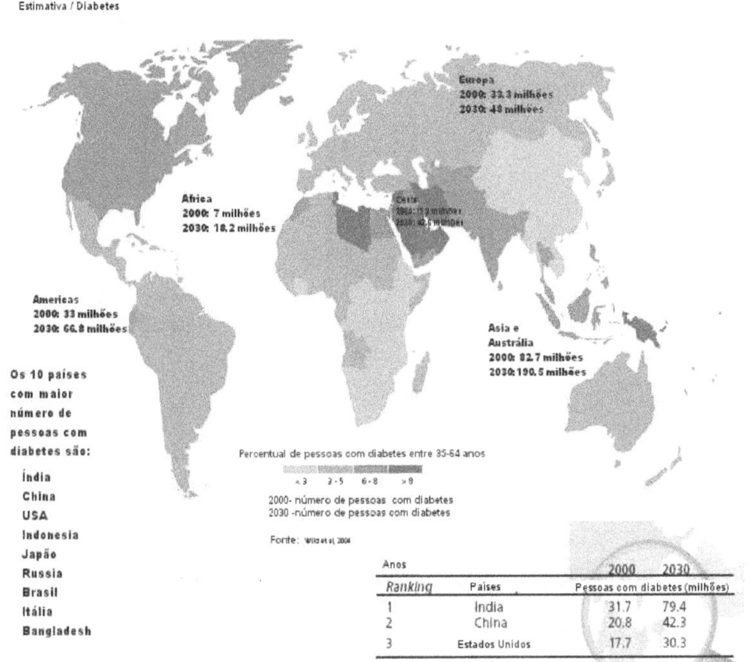

Anos		2000	2030
Ranking	Paises	Pessoas com diabetes (milhões)	
1	India	31.7	79.4
2	China	20.8	42.3
3	Estados Unidos	17.7	30.3

Figura 4.1- Estimativa da população com diabetes para 2030 . Fonte: WHO,2004.

4.3. Estágios do diabetes

O diabetes pode-se modifica-se em pacientes individuais, não é raro diagnosticar um diabetes "definido" numa pessoa obesa, e/ou após perda de peso, verificar um retorno completo da tolerância normal à glicose. Assim, torna-se conveniente considerar diabetes genético como progredindo através de diferentes estágios, segundo uma taxa de variação (MCNEILL,1994). A interpretação dos resultados dos exames diagnósticos para o diabetes e para a regulação glicêmica alterada é apresentada na tabela 6.9.

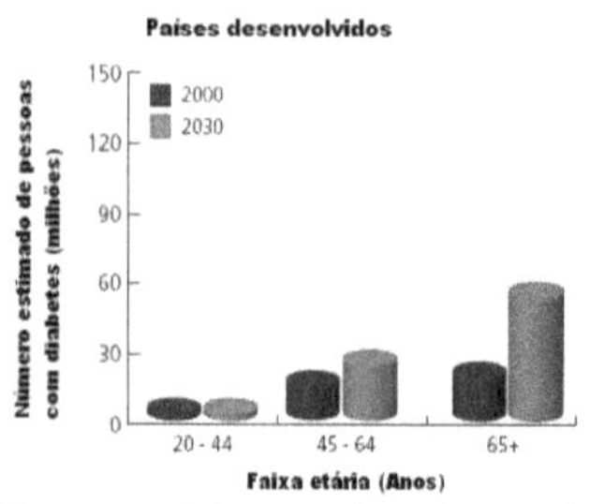

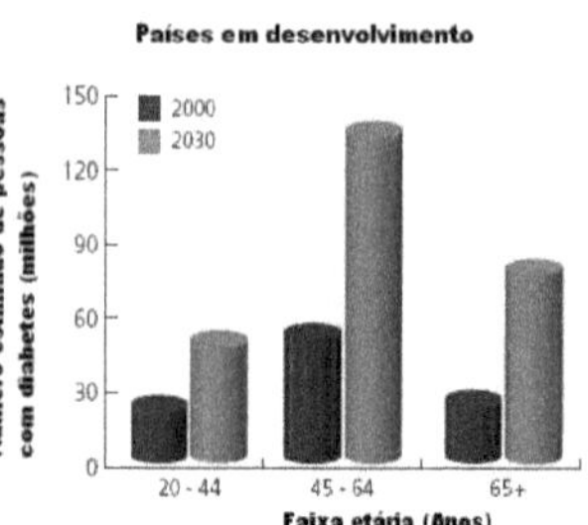

Figura 4.2- Estimativa da população por idade 2030.Fonte: WHO,2004).

Classificação	Glicemia de Jejum(mg/dl)	Glicemia 2h após TTG-75g (mg/dl)
Hipoglicemia	≤ 60 Normal	< 110
< 140		
Hiperglicemia intermediária		
- Glicemia de Jejum alterada	110-125	
- Tolerância a glicose diminuida		140-199
Diabetes Mellitus	e "126	> 200

Tabela 4.2- Interpretação dos resultados da glicemia de jejum e do teste de tolerância à glicose. Fonte: SILVA at. al., 2006).

A tabela 4.2, apresenta a interpretação dos resultados da glicemia de jejum com a classificação do estágio clínico de diabetes, tais como:

- **Glicemia:** quantidade de glucose (níveis de açúcar) existente no sangue (JABLOCA,1980);

- **Hipoglicemia**: diminuição dos níveis glicêmicos com ou sem sintomas para valores abaixo de 60 a 70 mg/dl (miligrama por decilitro de sangue), os principais sintomas são : fome, tontura, fraqueza, dor de cabeça, confusão, coma, convulsão e as manifestações de taquicardia, apreensão e tremor (DIABETES,2006);

- **Hiperglicemia:** valor elevado de açúcar no sangue (MCNEILL,1994);

- **Hiperglicemia intermediária:** apresentam alto risco para o desenvolvimento do diabetes. São também fatores de risco para doenças cardiovasculares (DIABETES,2006).

De acordo com o Ministério da Saúde (SILVA,2006) os testes laboratoriais mais comumente utilizados para suspeita de diabetes ou regulação glicêmica alterada são: glicemia de jejum (nível de glicose sanguínea após um jejum de 8 a 12 horas), teste oral de tolerância à glicose TTG-75g (o paciente recebe uma carga de 75 g de glicose, em jejum, e a glicemia é medida antes e 120 minutos após a ingestão) e glicemia casual (tomada sem padronização do tempo desde a última refeição). Assim, quando a glicemia de jejum situa-se entre 110 e 125 mg/dl (glicemia de jejum alterada), por apresentarem alta probabilidade de ter diabetes, podem requerer avaliação por TTG-75g em 2h. Mesmo quando a glicemia de jejum for normal (< 110 mg/dl), pacientes com alto risco para diabetes ou doença cardiovascular poderão ser submetidos à avaliação por TTG considerados normais, mas não estão suficientemente elevados para caracterizar um diagnóstico de diabetes, os indivíduos são classificados como portadores de hiperglicemia intermediária. Como apresentado na tabela 4.2, quando a glicemia de jejum estiver entre 110-125 mg/dl, a classificação será de glicemia de jejum alterada; quando a glicemia de 2h no TTG-75g estiver entre 140-199 mg/ dl, a classificação será de tolerância à glicose diminuída (SILVA,2006).

4.4 Complicações Clínicas

O diagnóstico precoce, controle metabólico (boa compensação) e a vigilância periódica são as principais armas para prevenir ou atrasar o início e a evolução das complicações relacionadas com a diabetes, as quais poderão ser classificadas a seguir:

- **Retinopatia Diabética**: lesões da retina;
- **Nefropatia Diabética:** doença renal;
- **Neuropatia Diabética**: lesões nos nervos;
- **Arteriopatia**: dor na barriga da perna durante a marcha;
- **Macroangiopatia**: doença coronária, cerebral e dos membros inferiores;
- **Hipertensão-arterial:** aumento da pressão arterial;
- **Disfunção sexual:** problemas de ereção;
- **Infecções :** caso os níveis de açúcar no sangue não estejam bem controlados, estão mais susceptíveis a infecções no geral e em particular as infecções da boca e das gengivas, as infecções urinárias, dos pés e ainda as infecções de cicatrizes depois de cirurgias.

4.5- Técnicas de Mineração de Dados para Análise de Sinais Biomédicos

As técnicas de mineração de dados citadas no capítulo 2 e 3 são bastante utilizadas na classificação e análise de sinais biomédicos. Obras recentes abordam análise de componentes principais (PCA) com redes SOM para remoção da onda P nos sinais de eletrocardiograma (ECG) (AGUADOA, at. al.,2007), classificação de sinais de ECG utilizando redes neurais e PCA (LEE,2006) e reconhecimento de padrões de sinais de eletroencefalograma (EEG) utilizando redes neurais (NETO,2007). Além disso, outras propostas utilizando lógica nebulosa poderão ser vista na literatura, as mais recentes se encontram abordando a lógica nebulosa para análise de sinais de biomédicos, principalmente no que se refere ao controle de glucose.

Em Grant (2006) identifica uma nova abordagem fuzzy para controle de insulina. Em Lascioa (2007) adota metodologia para análise de neuropatia diabética baseada em lógica fuzzy. Em Man (2007), apresenta modelo de sistema para simulação e controle de insulina. Em Dua (2006) aborda modelos baseado em programação paramétrica para controle de glucose proveniente de diabetes Tipo 1. Em Owens (2006) apresenta sistema de controle de glucose para pacientes portadores de diabetes Tipo 1. A mineração de dados proveniente de medições de glicemia em pacientes portadores de diabetes pode ser considerado um processo não trivial, devido a combinação de variáveis (idade, sexo, cor, profissão, índice de massa corporal, valor de glicose, colesterol, triglicerídeos, pressão arterial) dos pacientes os quais poderão influenciar no diagnóstico da doença.

Este estudo de caso tem como objetivo classificar pacientes portadores de diabetes utilizando mapas de Kohonen e identificar o estágio de diabetes correspondente a curva glicêmica desses pacientes a partir da lógica nebulosa utilizando base de dados pública.

4.6. Análise preliminar da Base de Dados

4.6.1. Base de dados Diabetes

Os dados utilizados nesta seção foram obtidos do repositório de dados públicos da Universidade da California do departamento de ciência de computação (NEWMAN,1998), provêm de medições diárias de testes de tolerância à glucose a partir de medições classificadas tais como: pré-almoço (07:00 às 9:00), Pós-almoço (11:00 às 13:00), Pré-ceia (15:00 às 17:00) e Pós-ceia (19:00 às 21:00), correspondente a amostra de 786 observações.

Pré-almoço	Pós-almoço	Pré-ceia	Pós-ceia
100	192	304	156
216	88	115	119
257	60	125	100
239	81	47	138
67	162	170	89
77	148	176	134
259	220	146	125
109	64	205	75
128	125	325	95
179	187	57	80
86	255	84	94
147	103	206	50
305	105	94	116
133	173	174	182
183	146	253	159
91	202	286	56
121	201	141	0

Tabela 4.3. Amostra da base de dados Originais. Fonte: (NEWMAN,1998).

A matriz de dados exposta na tabela 4.3, representa os valores originais dos dados por intervalos de medições das taxas de glicose. Os rótulos estabelecidos no mapa de Kohonen (figura 4.3 a 4.6), obedece à mesma classificação do cabeçalho das colunas para que os mesmos possam ser visualizado e identificados no mapa auto-organizável de Kohonen.

Codificação dos Sinais no Mapa de Kohonen	Descrição Resumida
1	prea1
2	posa1
3	prec1
4	hipo1
5	prea2
6	prec2
7	prea3
8	posa3
9	prec3
10	posc3
11	prel3
12	hipo3
13	prea4
14	posa4
15	prec4
16	hipo4
17	prea5
18	posa5
19	prec5
20	posc5
21	prel5
22	prea6
23	prec6
24	prea7
25	prec7
26	prea8
27	prec8
28	posc8
29	prel8
30	hipo8

Figura 4.3. Mapa de Rótulos dos Sinais de Glicemia no Mapa de Kohonen. Fonte: Autor.

Codificação dos Sinais no Mapa de Kohonen	Descrição Resumida
30	hipo8
31	prea9
32	prec9
33	posc9
34	prel9
35	prea10
36	prec10
37	prea11
38	posa11
39	prec11
40	prel11
41	hipo11
42	prea12
43	posa12
44	prec12
45	prel12
46	hipo12
47	prea13
48	prel13
49	hipo13
50	prea14
51	prec14
52	prel14
53	hipo14
54	prea15
55	prec15
56	prel15
57	hipo15
58	prea16
59	posa16
60	prec16

Figura 4.4. Mapa de Rótulos dos Sinais de Glicemia no Mapa de Kohonen. Fonte: Autor.

Codificação dos Sinais no Mapa de Kohonen	Descrição Resumida
61	prel16
62	hipo16
63	prea17
64	prec17
65	prel17
66	hipo17
67	prea18
68	prec18
69	prel18
70	hipo18
71	prea19
72	prec19
73	prea20
74	prec20
75	prea21
76	prec21
77	prea22
78	prec22
79	posc22
80	prel22
81	prea23
82	prec23
83	prea24
84	prec24
85	prea25
86	prec25
87	prea26
88	prec26
89	prea27
90	prec27
91	prea28
92	prec28
93	prea29
94	prec29
95	posc29
96	prel29
97	prea30
98	prec30
99	posc30
100	prel30

Figura 4.5. Mapa de Rótulos dos Sinais de Glicemia no Mapa de Kohonen. Fonte: Autor.

Descrição Resumida	Descrição Detalhada
preal	pré-almoço (número do paciente)
posal	pós-almoço (número do paciente)
precl	pré-ceia (número do paciente)
hipol	hipoglicemia (número do paciente)
posc3	pós-ceia (número do paciente)
prel3	pré-lanche (número do paciente)

Figura 4.6. Descrição detalhada dos rótulos (medições de glicemia). Fonte: Autor.

A classificação realizada pelo mapa de Kohonen exposta na figura 4.7, permite a caracterização das similariedades dos sinais de glicemia de acordo com os horários estabelecidos no teste de tolerância a glicose. Inicialmente, observa-se que o mapa contextual demonstra a representação de duas grandes classes (I e II). No corpo central dessas classes concentra-se subclasses menores de acordo com a especificação de cada sinal glicêmico. Por exemplo, na classe I, as divisões mais claras representam sinais com características similares formando pequenas subclasses individualizadas, as quais poderão ser exemplificadas conforme figura 4.7, demonstrando que o sinal 77 provenientes das medições de glicemia estabelecidas no pré-almoço 07:00 às 9:00, possui características similares (figura 6.16) ao sinal 100 (pré-lanche 22:00), por pertencerem a mesma subclasses individualizadas e caracterizadas pelas divisões originadas entre as subclasses selecionadas pela cor cinza claro.

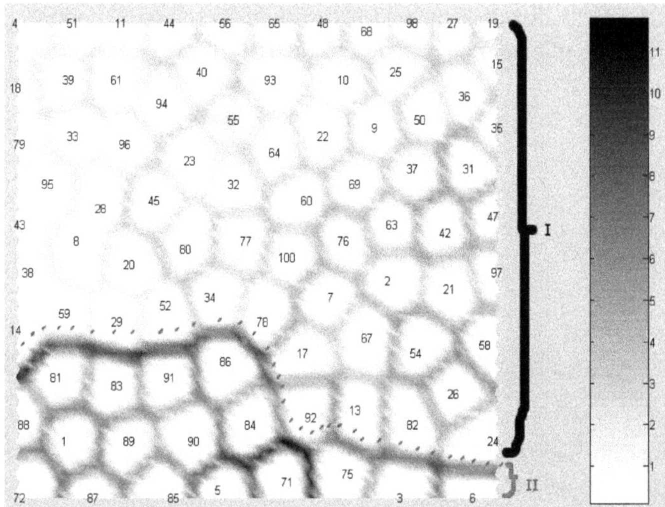

Figura 4.7. Representação dos Sinais de Glicemia no Mapa de Kohonen. Fonte: Autor.

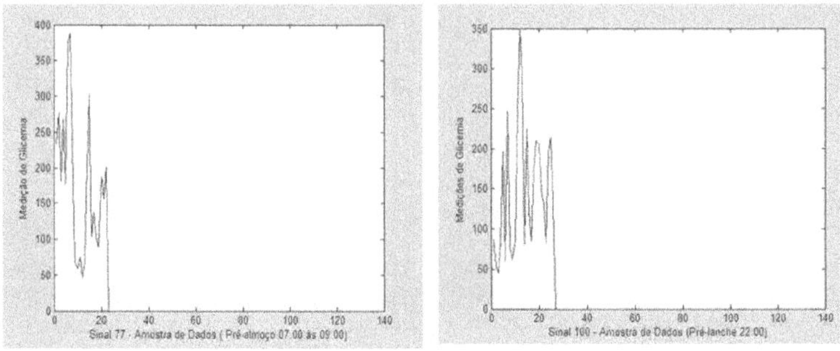

Figura 4.8- Similaridade dos Sinais de Glicemia no mapa de Kohonen - Classe I - Sinal 77 (pré-almoço 07:00 às 9:00) e Sinal 100 (pré-lanche 22:00). Fonte: Autor.

Na figura 4.8, observa-se que o sinal 20 (classe I) proveniente de medições de pós-ceia entre os horários de 19:00 às 21:00 possui características distintas em relação ao sinal 90 (classe II) obtido pelas medições de glicemia de pré-ceia 15:00 às 17:00.

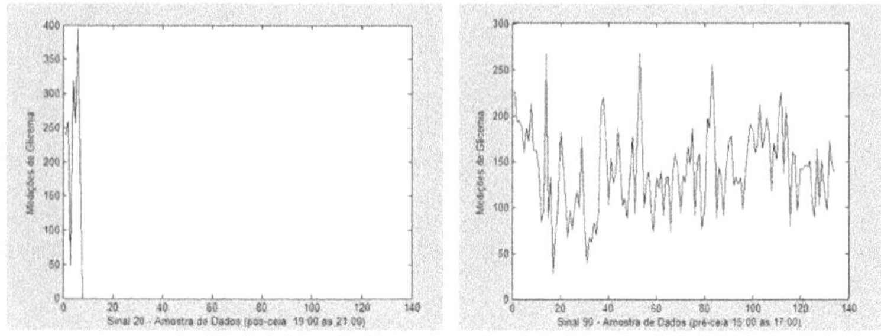

Figura 4.9- Sinais de Glicemia no mapa de Kohonen - Classe I - Sinal 20 (pós-ceia 19:00 às 21:00) e Classe II - Sinal 90 (pré-ceia 15:00 às 17:00). Fonte: Autor.

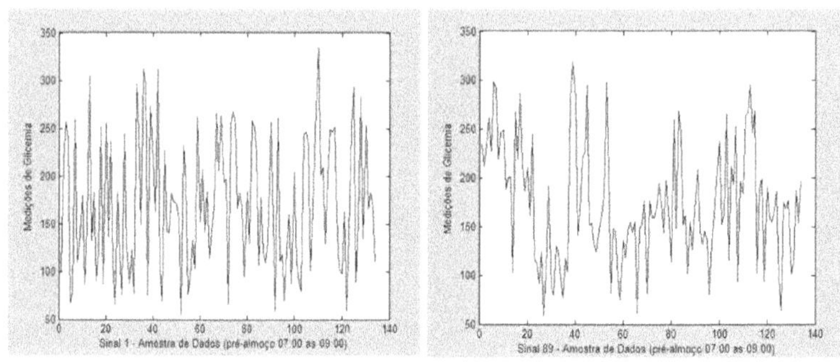

Figura 4.10- Similaridade dos Sinais de Glicemia no mapa de Kohonen - Classe II - Sinal 1 (pré-almoço 07:00 às 09:00) e Classe II - Sinal 89 (pré-almoço 07:00 às 09:00). Fonte: Autor.

Na figura 4.10, a classificação realizada pelo mapa de Kohonen demonstra que o sinal 1 (classe II) proveniente de medições de pré-almoço 07:00 às 09:00, possui características similares ao sinal

89 (classe II -pré-almoço 07:00 às 09:00), porém, estão separados por subclasses a partir da divisão cinza escuro.

As configurações do mapa foram implementadas a partir das características expostas na tabela 4.7. Para uma projeção mais rápida do mapa utilizou-se uma vizinhança maior de atualização regredindo gradativamente até que possa chegar a 1. Isto permite, uma modelagem mais grosseira do mapa. Na fase de refinamento e projeção mais lenta do mapa, as épocas foram fixadas com vizinhança em 1 (KOHONEN,1997). Para projeção do mapa exposto na figura 4.9, utilizou-se um conjunto de neurônios com dimensão 60x60, vizinhança hexagonal, dados normalizados, 55 épocas na primeira fase de 3 → 1 para um mapeamento mais grosso do mapa e no seu refinamento utilizou-se 35 épocas com vizinhança fixa de 1 → 1, observou-se que o erro de quantização QE = 0.000 e ET = 0.11.

A tabela 4.7, exibe as configurações básicas para a rede SOM, observa-se que na maioria dos casos EQ e ET → 0, no caso dos sinais provenientes de medições de glicemia, especificamente naquelas medições de hipoglicemia, as quais encontram-se próximo a zero.

Dimensão	Epocas(A)	Raio(A)	Epocas(B)	Raio(B)	EQ	ET
30X35	30	5 → 1	20	1 → 1	0.20	0.00
40X40	20	3 → 1	20	1 → 1	0.27	1.00
21X25	40	3 → 1	30	1 → 1	1.02	0.00
55X55	40	5 → 1	30	1 → 1	0.00	0.29
55X55	3	3 → 1	30	1 → 1	0.00	0.09
24X25	5	5 → 1	40	1 → 1	0.950	0.00
24X25	30	3 → 1	40	1 → 1	0.97	0.00
10X15	5	4 → 1	25	1 → 1	3.39	0.00
34X21	4	3 → 1	25	1 → 1	0.53	0.00
12X12	10	4 → 1	25	1 → 1	3.58	0.00
56X56	10	3 → 1	25	1 → 1	0.00	0.02
5X5	5	5 → 1	25	1 → 1	5.12	0.00
15X15	3	5 → 1	23	1 → 1	2.74	0.00
60X60	60	4 → 1	35	1 → 1	0.00	0.22
60X60	55	3 → 1	35	1 → 1	0.00	0.11
35X36	15	3 → 1	60	1 → 1	0.10	0.00

Tabela 4.7- Rotulação dos dados no Mapa de Kohonen. Fonte: Autor.

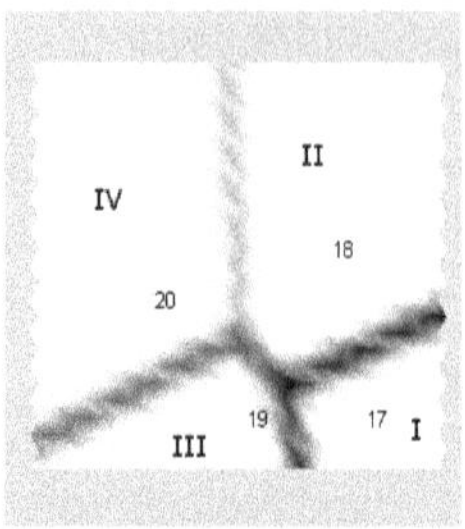

Figura 4.11- Mapa contextual por paciente. Fonte: Autor.

A projeção das duas maiores classes (I e II) e suas 98 subclasses expostas na figura 4.11. Como critério de minimizar o processo de composição de regras, optou-se por analisar o perfil do paciente, buscando verificar as oscilações provenientes das medições de glicemia a partir das quatro classes expostas na figura 4.11, de acordo com os intervalos dos sinais: Classe I (sinal 17 (pré-almoço (07:00 às 09:00)), Classe II - sinal 18 (Pós-almoço (11:00 às 13:00)], Classe III - sinal 19 (Pré-ceia (15:00 às 17:00)) e Classe IV - sinal 20 (Pós-ceia (19 às 21:00)), utilizando um mapa contextual de dimensão 25x25, vizinhança hexagonal, dados normalizados, 30 épocas na primeira fase de 3→1 para um mapeamento mais grosso do mapa e no seu refinamento utilizou-se 15 épocas com vizinhança fixa de 1→1, observou-se que o erro de quantização QE = 0.000 e ET = 0.80.

4.7. Execícios Propostos

4.7.1. Desenvolva um programa similar ao processamento de sinais de glicemia, usando uma nova base de dados pública com a rede neural de Kohonen.

4.8. Síntese e Conclusões

A base de dados com valores muito próximos a zero poderá influenciar na análise do mapa topográfico. Durante o processo de análise do mapa contextual, observou-se que a rotulação da base de dados muitas vezes é descaracterizada devido a alta dimensionalidade dos dados projetadas na rede, ou seja, quando a base de dados possui uma alta dimensionalidade à análise do mapa é dificultada devido a aglomeração dos rótulos em certas partes do mapa. Este princípio induz a inclusão de um maior número de neurônios para uma projeção mais adequada do mapa.

Neste contexto, sugere-se rotular os dados com o menor quantitativo de caracteres para se obter uma melhor visualização e análise dos dados, evitando assim, a utilização de neurônios excessivos, os quais poderão influenciar no custo computacional durante o treinamento.

REFERÊNCIAS

AGUADOA. T., MONTOYAA. T, BORRASB. L., FERREIRA . J., SECOB A., Using som and pca for analysing and interpreting data from a p-removal sbr. Engineering Applications of Artificial Intelligence, pages 1–12, 2007.

ALLGOT. B. , GAN. D., KING. H., LEFEBVRE. P., MBANYA. J. C., SILINK. M. , SIMINERIO. L. WILLIAMS. R., ZIMMET. Diabetes Atlas. Belgium, 2003.

ANIL K. J., MAO D. C. Artificial neural network: a tutorial. IEEE, 1996.

ANIL D. , MURTY M.N, FLYN P. J. Data clustering: A review. acm computing surveys, nº 3. ACM Computing Surveys, 31:264–323, 1999.

CHERNOFF. H. The use of faces to represent points in k-dimensional space graphically. Journal of the American Statistical Association. No. 342, 68:361–368., 1973a.

CHERNOFF. H., HASEEB. M. Effect on classification error of random permutations of features in representing multivariate data by faces. Journal of the American Statistical Association. Nº. 351, 70:548–554, 1975 b.

CROWLEY. D.E. PAULINE M., MELE. A. A Application of self-organizing maps for assessing soil biological quality. Agriculture, Ecosystems and Environment, pages 140–145, 2007.

CHOW W.S. T., WU S. Self-organizing and self-evolving neurons:a new neural network for optimization. IEEE TRANSACTIONS ON NEURAL NETWORKS. Nº 2, 18:385–396, 2007.

DEMULTH H., BEALE M. Neural network toolbox for use with matlab – users guide - version 3.0. url: www.mathworks.com. Technical report, The MathWorks, 1998.

DIABETES. Dossier diabetes, publicado pela associação protetora dos diabéticos de Portugal, sociedade portuguesa de diabetologia, sociedade portuguesa de endocrinologia, diabetes e metabolismo, Portugal, 2000.

DINIZ R., ALBERTO C. LOUZADA F. N. Data Mining : Uma Introdução. ABE - Associação Brasileira de Estatística, São Carlos, 2000.

DUA P., DOYLE. F. , PISTIKOPOULOS E., Model - based blood glucose control for type 1 diabetes via parametric programming. IEEE - Transactions on Biomedical Engineering, nº 8, 53:1478–1491, 2006.

EVERITT. B, Cluster Analysis - 3ªrd Edition. John Wiley, London, 1993.

FAYYAD M. U., PIATSKY S. G., SMYTH P., UTHURUSAMY R. Advances In Knowledge Discovery and Data Mining. AAI Press/ The MIT Press., 1996.

GRANT P. A new approach to diabetic control: Fuzzy logic and insulin pump technology. Medical Engineering Physics, pages 824–827, 2006.

GUERRA A. M., ANDRES A. G, PINUELA C., GALAN B., VIGURI R. Assessment of self-organizing map artificial neural networks for the classification of sediment quality. Environment International, pages 1–9, 2008.

GOMIDE F., PEDRYEZ W. An Introduction to Fuzzy Sets: Analysis and Design. MIT Press, 1998.

HAM F. M., Ham. Principles of neurocomputing for science and engineering. McGraw- Hill, New York, 2001.

HAIR F., JOSEPH J. Análise Multivariada de Dados, 5ª Ed. Bookman, Porto Alegre, 2005.

HAYKIN S. Neural Networks: a comprehensive foundation. Hardcover , New York, 2n ed., 2001.

HUSSAIN M., EAKINS J. P. Component-based visual clustering using the self organizing map. Neural Networks, pages 260–273, 2007.

HJORTH P. KALTEH A. M., BERNDTSSON R. Review of the self-organizing map (som) approach in water resources: analysis, modelling and application. Environmental Modelling & Software, pages 835–845, 2007.

INMON W. H. Como construir um Data Warehouse. Campus, Rio de Janeiro, 1997.

JAIN K. A, DUBES R. C. Algorithms for Clustering Data. Prentice-Hall, New
Jersey, 1988.

JABLOKA S. Diabetes Mellitus. Fundo Editorial, BYK-PROCIENX, São Paulo, 1980.

JASSBI J., ALAVI S.H, SERRA P.J. A., RIBEIRO R. A. Transformation of a mamdani fis to first order sugeno fis. IEEE, 2007.

JERRY M. M. Fuzzy logic systems for engineering: A tutorial. IEEE, pages 345–377, 1995.

JUNGLOS A. Aplicação de data mining em banco de dados do serviço de transplante de medula Óssea - dissertação de mestrado do programa de pós-graduação em métodos numéricos em engenharia. Master's thesis, Universidade Federal do Paraná . Curitiba, 2003.

KAMBER M. , JIAWEI H. Data Mining: Concepts and Techniques. Morgan Kaufmann, New York, 2000.

KASKI S. Data exploration using self-organizing maps. acta polytechnica scandinavica, mathematics, computing and management in engineering series nº 82. thesis the doctor : Url: http://www.cis.hut.fi/ sami/thesis.ps.gz. recuperado em 05/11/07, 1997. Master's thesis, Helsinki University of Techology, Filand, 1997.

KIMBAL R. The Data Warehouse Toolkit: guia completo para modelagem dimensional. Campus, Rio de Janeiro, 2000.

KOHONEN T. Self-Organizing Maps. Springer, Berlin, 1997.
KOVACZ Z. L. Redes Neurais Artificiais: fundamentos e aplicações. Livraria da Física, São Paulo, 2002.

LASCIOA. L. D. A fuzzy-based methodology for the analysis of diabetic neuropathy. Fuzzy and Systems, pages 203–228, 2007.

LEE J. , OH. C., KIM M. S. Eeg signal classification based on pca and nn. IEEE - SICE - ICASE International Joint Conference, pages 1848–1851, 2006.

LUDEMIR. T. B., BRAGA. A. P, CARVALHO. A. C. P. L. Redes Neurais Artificiais : teoria e aplicações. Rio de Janeiro - RJ, 2000.

MAIA. R. D. Projeto de Estruturas Neuro-Fuzzy do Tipo Takagi-Sugeno Utilizando Programação Genética, Dissertação de Mestrado do Programa de Pós- Graduação em Engenharia Elétrica Centro de Pesquisa e Desenvolvimento em Engenharia Elétrica da Universidade Federal de Minas Gerais. PhD thesis, Universidade Federal de Minas Gerais, 2005.

MAN D.D., RIZZA R. A., COBELLI C. Meal simulation model of the glucose insulin system. IEEE - Transactions on Biomedical Engineering, nº 10, 54:1740– 1749, 2007.

MAZZAFERRI E. L. Endocrinology. A Review of Clinical Endocrinology. New York - USA, 1978.

MCNEIL M. F. , THRO E. Fuzzy Logic: A practical Approach. London, 1994.

MÊUSER A. Aplicando Redes Neurais: um guia completo. Livro Rápido, Olinda, 2005.

NAGATA K. Pattern recognition of eeg signals during motor imagery. SICE-ICASE International Joint Conference, IEEE, pages 5169–5173, 2006.

NETO. M.J. R. Desenvolvimento de Rede Neural SOM: Um Estudo de Caso para Segmentação de Perfis - Trabalho de Conclusão de Curso de Graduação do Instituto de Computação da Universidade Federal de Alagoas. Maceió - AL, 2007.

NEWMAN D.J., HETTICH S., BLAKE C.L., MERZ C.J. UCI Repository of machine learning databases [http://www.ics.uci.edu/ mlearn/MLRepository.html]. Irvine, CA: University of California, Department of Information and Computer Science. 1998.

NONAKA I. TAKEUCHI H. Criação de Conhecimento na Empresa : como as empresas japonesas geram a dinâmica da inovação. Rio de Janeiro, 1997.

OWENS C. Run-to-run control of blood glucose concentrations for peaple with type 1 diabetes mellitus. IEEE- Transactions on Biomedical Engineering, nº 6, 53:990 – 996, 2006.

PANAROTTO D. , TELES R. A, SHUMACHER M. V. Fatores associados ao controle glicêmico em pacientes com diabetes tipo 2. Associação Médica Brasileira, pages 314–321, 2008.

QUISPE N. R. P. Técnicas e ferramentas para a extração inteligente e automática de conhecimento em banco de dados. dissertação de mestrado. Master's thesis, Faculdade de Engenharia Elétrica e de Computação da Universidade Estadual de Campinas.
Campinas - SP, 2003.

RENCHER A. C. Methods of Multivariate Analysis, Second Edition. Wiley Interscience, Canada, 2002.

RESENDE O. S. Sistemas Inteligentes: fundamentos e aplicações. Manole, Barueri – São Paulo, 2005.

SAITO K., CAMPOS M. M. Sistemas Inteligentes em Controle e Automação de Processos. Ciência Moderna, Rio de Janeiro, 2004.

SIMAR L., HARDLE W. Applied Multivariate Statistical Analysis. Berlin, 2003.

SILVA A. J. M., CARVALHO P. A., MESSEDER A. M. FERNANDES S. , BRASILEIRO A. L, NETTO A. P., SIMONE C. , MALTA D, ARAÚJO D.V. GOULART D. A. S.

, BARBANO D. B. A. , PEREZ E. A. , FUCHS F.D., MOURA L., BRACCO M. M., LEMOS N. S. L. , AQUINO R. M. X, CACHAPUZ R. F. , BRESSANIM W. R. , MATSUDO V. Cadernos de Atenção Básica : Diabetes Mellitus, 1.ª edição. Brasília-DF, 2006.

RUSSELL S., NORVIG. P. *Artificial Intelligence: A Modern Approach.* Prentice Hall, New Jersey, 1995

SMITH L. I. A tutorial on principal components analysis, recuperado em 15/05/2007 : Url: csnet.otago.ac.nz/cosc453/studentturorials/principalcomponents. pdf .Technicalreport,2007.

STEWART A. T. Intellectual Capital: the new wealth of organizations. Doubleday Currency, New York, 1997.

SUDHA G. F., JEYASHREE P. Facial expression recognition using self organizing map. International Conference on Computational Intelligence and Multimedia Applications - IEEE, pages 219–221, 2007.

ZANTINGE. D, ADRIAANS. P, Data Mining. England, 1996.

TADEJKO P. , RAKOWSKI W. . Mathematical morphology based ecg feature extraction for the purpose of heartbeat classification. In 6th International Conference on Computer Information Systems and Industrial Management Applications, IEEE., 2007.

THORNHILLA N. F. Spectral principal component analysis of dynamic process data. Control

Engineering Practice, 2002.

VESATO J. Som-based data visualization methods. finland : Laboratory of computer and information science, helsinki university of technology. Technical report, Helsinki University of Technology, 1999.

VESATO J., HIMBERG J. , ALHONIEMI E., PARHANKANGAS J. Som toolbox for matlab 5 - techinical report a57 - helsinki universit of technology - url: http://www.cis.hut.fi/projects/somtoolbox/package/papers/ techrep.pdf. recuperado em 05/05/07. finland. Technical report, Helsinki Universit of Technology, 2000.

WEISS C. , S.M. Data mining with decision trees and decision rules. Future Generation Computer Systems, pages 197–210, 1997.

WITTEN I.H., FRANK E. Data Mining: pratical machine learning tools and techniques with Java implementation. São Francisco, California, 1999.

WHO, World Health Organization. Diabetes Action Now, http://www.who.int/, visitado 15.06.2008. Suiça, 2004.

ZADEH L. A. Outtline of a new approach to the analysis of complex systems and decision process. IEEE Trans. Systems and Cybernetics, 1973a.

ZADEH L. A. A fuzzy-algorithm approach to the definition of complex or imprecise concepts. Int. J. Man Machines Studies, 8:249–295, 1976b.

ZADEH L.A. Fuzzy Sets, Fuzzy Logic, and Fuzzy Systems:. World Scientific, 1996 c.

ZUCHINI M. H. Aplicações de mapas auto-organizáveis em mineração de dados e recuperação de informações, dissertação de mestrado do departamento de engenharia de computação e automação industrial. Master's thesis, Universidade Estadual de Campinas da Faculdade de Engenharia Elétrica. Campinas - SP, 2003.

www.ingramcontent.com/pod-product-compliance
Ingram Content Group UK Ltd.
Pitfield, Milton Keynes, MK11 3LW, UK
UKHW021939190726
13853UKWH00004B/1548

9 786500 767841